辛苦你啦，内在小孩

MISS蔷薇 著

湖南文艺出版社
HUNAN LITERATURE AND ART PUBLISHING HOUSE

博集天卷
CS-BOOKY

图书在版编目（CIP）数据

辛苦你啦，内在小孩 / MISS 蔷薇著 . -- 长沙：湖南文艺出版社，2023.3

ISBN 978-7-5726-1007-3

Ⅰ . ①辛… Ⅱ . ①M… Ⅲ . ①女性—成功心理—通俗读物 Ⅳ . ①B848.4-49

中国国家版本馆 CIP 数据核字（2023）第 019915 号

上架建议：心理励志·个人成长

XINKU NI LA，NEIZAI XIAOHAI
辛苦你啦，内在小孩

著　　者：MISS 蔷薇
出 版 人：陈新文
责任编辑：匡杨乐
监　　制：邢越超
策划编辑：李彩萍
特约编辑：白　楠
营销支持：文刀刀　周　茜　李美怡
封面设计：利　锐
封面插画：内在小孩 innerchild（小红书）
版式设计：潘雪琴
出　　版：湖南文艺出版社
　　　　　（长沙市雨花区东二环一段 508 号　邮编：410014）
网　　址：www.hnwy.net
印　　刷：河北鹏润印刷有限公司
经　　销：新华书店
开　　本：875 mm×1230 mm　1/32
字　　数：121 千字
印　　张：7.25
版　　次：2023 年 3 月第 1 版
印　　次：2023 年 3 月第 1 次印刷
书　　号：ISBN 978-7-5726-1007-3
定　　价：49.80 元

若有质量问题，请致电质量监督电话：010-59096394
团购电话：010-59320018

目 录
Contents

Chapter 1
别执着于原生家庭：抗拒"内化"影响，拥有活出自己的自由

最终，我还是长成了他们的样子 / 002

无法与原生家庭和解，是我的错吗？ / 010

世上并无完美的母亲 / 018

你对父母的"孝顺"，可能根本不是爱 / 026

易碎型人格，如何自救？ / 034

Chapter 2

深刻的自我接纳：拥有高配得感，解锁开挂的人生

无龄感，才是一个人的顶级魅力 / 044

每一个低谷，都藏着翻盘的机会 / 052

实现"情绪自由"的人，都有开挂的人生 / 061

能一口吞下命运的，才是真女王 / 069

高配得感的女生，全场通赢 / 077

用"野心"活出精彩 / 085

Chapter 3

热爱是联结自我与世界的通道：拓宽生命的时空和层次

保持热爱，才能奔赴星辰大海 / 094

你才是人生的价值之源，别被职场 PUA 毁掉了大好前途 / 103

你的自我价值决定了关系的质量 / 110

无论外界如何动荡，你要找回内心的安定 / 118

Chapter **4**

爱与自由，是最好的礼物：给彼此留出自由的身心空间

互补型关系，到底好不好？ / 128

人格独立，才是女人在婚姻里最大的底气 / 136

女人究竟是嫁错了可怕，还是不嫁可怕？ / 145

婚外情中，没有人能全身而退 / 152

原来关系好的夫妻，都是会吵架的高手 / 159

"撒娇"和"作"之间，隔着天差地别 / 167

边界感，是一个家庭幸福的基础 / 175

换一个人结婚，就幸福了吗？ / 183

Chapter 5

大部分人都带着各自的创伤成长：亲子关系是父母与孩子互相成就的过程

别成为扼杀孩子"精神胚胎"凶手 / 192

倒置型的亲子关系，有毒 / 200

你能接受自己的孩子平庸吗？ / 208

不被偏爱的孩子，很难再遇见偏爱 / 217

"

辛苦你啦，内在小孩

"

"

辛苦你啦，内在小孩

"

Chapter 1

别执着于原生家庭：抗拒"内化"影响，拥有活出自己的自由

辛苦你啦，
内在小孩

最终，我还是长成了他们的样子

朋友思思是一个视频博主，有一次她在社交平台上谈论抑郁症，话语质朴、真诚，直击人心，很快获得很多人的关注。她自称有十几年没有睡过好觉了，后来才知道自己病了很久，经历这次身体上的爆发后，她感慨"我一定要健康"，并呼吁大家正视和接受抑郁症。视频中，她还提到自己的性格与家庭环境有关，因为从小父母教育自己要懂事，以至于"长大后对人或者事都特别害怕，怕别人生气，怕别人不喜欢自己"。

这一段话尤其引起了很多人的强烈共鸣，很多人纷纷留言："我也是这样，受父母的影响，成了讨好型人格，也有抑郁的倾向。""是的，从小父母就向我灌输'要懂事'的思想，我因此一

直活得小心翼翼、战战兢兢。""我也很在意别人的想法和看法，
因为成长环境很没安全感。"

关于"父母对孩子性格的影响"的话题，曾经在网上被热
烈讨论过，几乎所有人都认为父母对孩子的性格影响很大，对
此，众人大致分成了两个"派系"："满意派"一般生活在比较
健康的家庭环境中，对父母认同度高，对自己的性格也比较满意；
"怨恨派"觉得人生不顺是性格导致的，且认为这都是父母的错，
并以受害者自居。

在我看来，看到"父母对自己的影响"只是第一步，而如
何看待这些影响，从某种意义上来说，才是比这些影响本身更
能决定人生方向的关键。

01
"我活成了自己讨厌的模样"

一位来访者，性格强势执拗，是大型企业的女高管，事业
顺利，但对婚姻很不满意。她告诉咨询师，自己的母亲也是一
个强势的女人，她家一直处于一种女强男弱的状态，只能母亲

一个人说了算。小时候父母经常爆发"战争"，母亲会暴躁地骂父亲"窝囊废"。而她非常厌恶母亲，讨厌母亲的控制欲和攻击性，觉得母亲"不像个女人"，于是她发誓要做一个与母亲不一样的人，拥有幸福的婚姻和家庭。所以，她从初中就开始了住校生活，想以此远离母亲，与母亲划清界限。一路走来也算顺利，她学业优异，事业有成，直至结婚以后，她才发现了不对劲：她成了家里的"掌权者"。好脾气的丈夫虽然对家庭照顾有加，但性格唯唯诺诺，对她言听计从，事业平平。在一次和丈夫的争吵中，她没忍住冲他喊了一句："一个男人这么没主见、没能力、没本事，真是窝囊废！"随后，她看见了镜子里自己那张因暴怒而扭曲的脸。那一刻，她心底突然涌起巨大的悲哀：我如此努力地想要摆脱母亲的阴影，可到最后，我还是活成了她的模样。

网上流传着这么一个说法，人生最怕的事是嫁给"父亲"，活成"母亲"，再生一个"我"。对大部分人来说，亲密关系都是用来满足自己潜意识中的需要的，或弥补匮乏，或弥补创伤。比如，缺乏安全感的人，渴望找一个强大可靠的伴侣；敏感自卑的人，往往对伴侣的情绪稳定性要求较高；而性格强势的，则需要一个"软弱"的人，来配合她的控制欲。也就是说，在无觉知的情况之下，你是什么样的人，几乎已经注定了你将拥有什么样的亲密关系。

所以，上面那句话的正确因果关系应该是：先活成了"母亲"，于是吸引了"父亲"，从而构成了一个和原生家庭相似的系统结构，最后孕育出一个同样的"我"，并由此继续代际循环。由此可见，从性格开始，再到婚姻、事业，父母对孩子的影响几乎可以覆盖到人生的每一个板块。

某位音乐大咖曾在《奇葩说》中坦言，他年轻时遇到的很多人生问题，绝大部分是自己制造出来的，究其原因，就是父亲对他的影响。直到最近几年，他才从原生家庭的阴影中走了出来。这种影响之深远，让很多人开始怨恨父母，认为自己活不出自己想要的人生，都是父母的错。

02
为何事与愿违？

明明是不认可父母的，为什么最终却活成了他们的模样？这是一个很有意思的现象，我们分两个阶段来讨论。

首先是童年时期，也是性格形成的关键时期。这个阶段的孩子将通过"模仿"和"内化"来完成基本性格的塑造。我的一个朋友，性格十分敏感。她的父母在她上小学三年级时离婚。在她的印象中，她的母亲是一个非常情绪化的人，经常无缘无故地找她的父亲吵架，然后把自己一个人锁在房间里，放声痛哭。于是，我的这位朋友在很小的时候就学会了用这种方式来表达情绪，当她遇到不开心的事情时，她就会一个人闷在屋里，大哭大叫。以至于她的父亲每次都极其无奈地说："你们母女俩简直是一个模子里刻出来的。"这就是"模仿"。

精神分析学家荣格曾说：原生家庭对家里子女的影响越深刻，子女长大之后，就越倾向于按照幼年时学来的世界观，来观察和感受成年人的大世界。于是无形之中，孩子就承袭了父母的观念和言行。朋友在谈及她的敏感时还说："你完全不知道他们什么时候不高兴，下一秒会不会吵架，你只能小心翼翼地去察言观色。从小就在这样的环境中生活，性格没法不敏感，不敏感就无法生存。"

这段话很好地诠释了"内化"的影响：她把情绪不稳定、爱争吵的父母，内化成了自己的"内在父母"，以至于在今后的每一段关系里，她都会把对方投射为"内在父母"，重复与父母曾经的相处方式，即"保持敏感"。所以，在早年个人意识尚未形成之前，父母就已经完成了对孩子人格底层系统的"源代码"植入。

而到了第二个阶段——青春期，个体意识开始萌芽，孩子的意识层面可能会对父母产生反感和排斥的情绪，想要成为"不同的人"，但越是否定、抗拒，往往越是在"强调"。比如前面提到的那个来访者，经过童年时期潜移默化的影响，她的"源代码"中很可能已经具备了"强势"的特质，她在潜意识层面中对母亲是认同的。当意识和潜意识出现分裂之后，她会对自己这个"不好"的部分感到非常焦虑，迫不及待地将其投射出去。她对母亲的"强势"所表现出的强烈反感和厌恶，恰恰是她自己也具备同样特质的体现。而不断地否定，又让她在无意识中朝这个特质投注了更多的力比多，反而达到了强化的效果，最终，她在意识层面越讨厌母亲，在潜意识层面反而就越认同母亲。

潜意识，往往才是无形中的"命运"。

03
换一个角度

如何弱化父母对自己的"负面影响"？我想和大家分享三

个建议。

第一，要完成精神上的"断奶"。就是说，要让父母成为父母，自己成为自己，成为完全独立的彼此。比如，有一些"啃老族"，嘴里咒骂着父母，抱怨他们毁了自己的人生，可实际上却从经济上、生活上，乃至情感上都无法与父母分离，反而与父母保持着高度共生的状态，他们必然会持续受到父母的影响。实现个体化分离后，会跳出"父母"与"孩子"的角色关系，父母将作为一个普通且不完美的个体而存在，与你是血脉相连却又平等而立的关系。这时候你不再企图改变他们，他们也无法再控制你，他们对你的影响将大幅削弱。

第二，不恐惧改变与成长。或许父母确实给我们造成了一些创伤，而这些创伤也被写进了我们的人格，左右着我们的发展和命运。但是，当我们觉察到了这个事实，却依然企图让父母为自己的人生买单，这其实是在逃避责任和成长。因为成长意味着改变，改变代表着不确定、不熟悉，走出熟悉的"舒适区"是需要足够的勇气的。所以，很多人是因为恐惧成长，才甘心当一个"受害者"，继续被父母影响。相对应地，想要停止父母对自己的影响，就需要勇敢地做出改变。

第三，挖掘和发展性格优势。性格其实没有好坏之分，只有能否驾驭之别。在社会偏见中，很多性格都被贴上了负面标签，比如，敏感的人太脆弱，强势的人人缘差，等等。这些负面标签，只看到了性格的劣势面，而完全忽视其优势面，这恰恰是无力驾驭性格的表现。

前不久，我看到了一位女性 CEO 的采访视频：她的父亲就是一个性格内向、敏感的人，她的父亲一直以来都觉得自己性格不好，不合群，喜欢独来独往，总之就觉得自己是一个"不好"的人。她从小就和父亲很像，也经历过"你就是太敏感了""这种话说过就过了，你还往心里去吗"等类似的评价，但她不认为自己"不好"。在她眼里，"我敏感，所以我总能第一时间觉察到别人的情绪和需求，这是贴心"，"我不合群，所以我花了好多时间自己看书思考，我现在每天讲的课和写的文章都来自它们"，"我凡事都往心里去，于是我把很多人、很多事都装进心里反复琢磨，在管理学和心理学方面很有天赋"。

当我们有重新定义性格的能力时，父母给的"创伤"也许就变成了"宝藏"，这时候，我们才真正拥有了活出自己的自由。

无法与原生家庭和解，
是我的错吗？

01
一定要和解吗？

我还记得，当年的热播剧《都挺好》在临近结局时，因为剧情争议，口碑大跌。部分网友失望之处在于导演强行"大团圆"：苏大强在患阿尔茨海默病后，恢复了一个父亲和成年人该有的成熟度和责任感，突然就变得不那么讨厌了。随着病情加重、记忆力减退，他已经连人都认不出了，却还记得女儿小时候想买的习题集，这一情节让人大为感动。在苏明玉回老宅贴春联的场景中，还出现了苏明玉小时候被二哥欺负，妈妈哄她的回忆性情节。

苏明玉的原生家庭，由一个重男轻女的母亲、一个懦弱自私的父亲、两个恃宠而骄的哥哥和她自己组成。她的母亲，给儿子做火腿加鸡蛋，却让女儿只能吃泡饭；为了两个儿子读书、结婚，能毫不犹豫地卖房，却连一本复习资料都舍不得给女儿买，甚至为了省钱逼着女儿念师范，让她放弃考清华。而父亲呢？他不仅毫无作为，十分冷漠，还在母亲离世后开始"放飞自我""作天作地"，搅得儿女不得安宁。原生家庭对苏明玉造成的伤害尖锐而深远，她内心的恨意在与家人断绝关系时就已表达得淋漓尽致。可是，结局却在各种铺垫中，逐一"洗白"了父亲、哥哥，甚至连已去世的母亲，都得以在温情的记忆中被原谅。

一个热评是："这样的结局应该叫'算了吧'，对家庭关系反映得挺真实，但是虎头蛇尾，最终差了一口气，大结局强行和解。"很多人认为，苏明玉不该与家人和解，有些原生家庭和父母不值得和解。最好是女孩远走高飞，独自潇洒，与家人老死不相往来，让曾经伤害她的父母自食其果。不要圆满、不要和解，只图快意恩仇，彼此相忘于江湖。在令人不满的结局和网友脑补的"爽文"结局之间，是弥散在现实中的纠结与冲突。许多与原生家庭有着爱恨情仇的人，长久以来都有一个困惑：我必须要和原生家庭和解吗？必须迫于血缘关系而选择原谅吗？

02
难以磨灭的创伤

传统意义上，我们理解的"和解"，是指在糟糕的、有创伤性的原生家庭里长大的子女，经历了对父母的愤怒与仇恨，最终选择原谅父母，与父母恢复正常关系的过程。

抖音有个很火的视频，讲的是一个男孩与母亲和解的故事。男孩是学霸，母亲是高管，强势且偏执。小时候，男孩不小心打碎了花瓶，母亲会逼着他把全部花瓶都打碎，男孩害怕就被骂没出息，接着就是母亲的疯狂殴打；男孩打球撞破了眉骨，鲜血直流，母亲却送奥特曼奖励他的"勇敢"，没有一句关心和怜爱。

一个"慕强"的母亲，将对"强"的渴望和信仰共生给儿子，只肯定"强者特质"，诸如好学、大胆、勇敢，同时又将对弱小的恐惧投射给他，完全无视孩子的柔弱。**严重缺乏抱持的结果，一是无法发展出好的心理容器功能，人格结构单薄、不稳定；二是对自己非常苛刻，难以接纳完整的自我，不配得感、**

无价值感强烈。此为创伤之一。

中学时，男孩交了异性好友，被老师判定为"早恋"，母亲罚他写一万字检讨，写了两遍都没通过，直至他写了"我是一个坏男人，一心就知道想女人"，这份检讨才通过。母亲让他在全家人面前朗读这份检讨，场上还有他最喜欢的奶奶。

先不论男孩是否真正"早恋"，如果获得一个可以共情与交流的好友，对男孩而言，意味着巨大的情感缺口将得到弥补，也是将力比多投向其他异性的重要尝试。可惜被母亲无情地撕碎了：写检讨让他自我否定，还强迫他"自我污名化"。青春期的孩子，正处于核心自我形成期，高度自尊、高度敏感，外界的评价极容易影响孩子对自己的认知。而母亲的惩罚，采用的是"羞辱"这种能量级最高的攻击方式：先让其自我羞辱，再故意创造被他人，乃至被重要客体（奶奶）羞辱的机会，直至原本就脆弱的自体崩溃瓦解。不仅如此，男孩力比多的转移也失败了，当下的情感连接被切断，还被镀上了一层羞耻的底色，这很可能会影响到其今后亲密关系的发展。此为创伤之二。

自体破碎且陷入绝望的男孩，在写完第三遍检讨时，也写好了一封遗书，他在遗书中告诉母亲"做你儿子的这段时间里，我生不如死"。但好在写完这封遗书后，男孩想通了。他心怀怨恨，考上北京的大学，顺利留校任教，为自己争了口气，并与母亲断绝了关系。我们可以这样理解，他在写遗书的时候，就把过去的自己"杀死了"，并通过断绝关系的方式，残忍地实现了与母亲的分离。

03
道歉与理解

这个故事最后发生"原谅式"的和解，其实是有一个契机的，这个契机就是姥爷的去世。男孩连夜赶回老家，在太平间门口看到了号啕大哭的母亲，母亲指着姥爷说了这样一番话："你怎么就死了？你给我站出来！从小你就瞧不起我，你一直说弟弟很棒，总说我不行，骂我一个丫头片子，成绩那么好有什么用。我那么努力、认真，你也没有正眼看过我一次。但我还是买了房子孝顺你，你却说我爱嘚瑟、爱显摆，我从来没有得到过你的肯定，一次都没有。所以我也不知道该怎么爱我的儿子，我儿子现在已经跟我断绝关系了，你能把我的儿子还给我吗！"

接着母亲情绪激动地一头撞向冰柜，晕了过去。

之所以说这是个契机，是因为它让儿子得以"看见"一个真实的、完整的母亲：母亲的强势、刻薄、冷血不是天生的，她曾经也是一个在"爱无能"的环境里苦苦挣扎、内心破碎不堪的女孩。这种创伤，正通过父母个性的影响、家庭教育的方式发生着代际传递，在家族中以强迫性重复的命运模式，在一代又一代人身上重演。母亲小时候被姥爷忽视、打压、羞辱，她虽然满心愤恨，却在无意识中完成了对父亲的认同，一边不断发展虚假自体，试图变得更强大、更优秀来证明自己，以赢得父亲的认可；一边继承和发展了这套"心法"，从"受虐者"转变为"施虐者"。男孩在那一刻深刻理解了母亲的痛苦：她不是不爱，而是早已被剥夺了爱的能力，她习得的爱的方式，就是通过"创伤"来产生连接。母亲的苦难，让男孩早已冰冷坚硬的心，突然就软了下来。而另一方面，姥爷的离去，从象征意义上代表着"创伤源头"的切断，对母亲而言，她既失去了自我认同的对象，又失去了仇恨投射的对象，只能独自承受着集中爆发的痛苦和悔恨，以及疯狂的自我攻击。而这也为她的道歉打下了基础。

当儿子出现在面前，失魂落魄的她哽咽着说出了"对不起"，而就是这句宝贵的"对不起"，让男孩感觉胜过一万句"我爱你"。最终男孩原谅了母亲，二人完成了和解。一方真诚的态度，另一方深刻的理解，是"原谅式"和解的必要前提。

04
另一种和解

但这两个前提，不一定是同时发生的。很多父母由于自身的局限性，难以觉察到养育子女过程中的失误；而子女也一直在配合父母的"共生性"需求，始终缺乏平等对话的力量，无法与父母进行深度沟通，无法让他们看见自己的创伤与痛苦。所以，有时候父母一直处在"执迷不悟"的状态，可能是双方的"合谋"。也有少数人，通过一些残酷和极端的方式，比如与父母撕破脸，甚至断绝关系来完成分化，而父母也可能在这股"黑暗力量"的反弹中，获得反思的机会。但他们依然可能出于对"权威"的自恋性维护，拒绝向子女"低头"，承认自己的错误。有的人等了一辈子，都没能等来父母的一句"对不起"，可见这个前提的实现有多难。

另外，子女也未必有机会看见父母的"全貌"，我们没有见证过父母的前半生，对他们的成长经历和背景所知甚少，只知道他们是"这样的人"，而不知道他们为什么"是这样的人"。不懂得也就难以生出慈悯，而慈悯是原谅的基础。

如果无法原谅，该怎么办呢？其实，不原谅也能和解，即与自己和解。第一个阶段的自我和解，关键是"带着伤疤前进"，不让自己再深陷于原生家庭的泥潭之中。当然，这一步是最难的，但也是最值得投入全部精力去发展的部分。把"当下"和"未来"解救出来之后，再来看"过去"。是让那些痛苦的回忆、愤恨的情绪继续缠绕心间、反复咀嚼，还是让现在这个已经有足够力量的自己，穿越层层障碍去拥抱曾经那个受伤的小孩？**这个阶段自我和解的关键是基于爱自己的放下与释怀。**更高级一些的，可以较好地整合对父母的"爱与恨"，且分别有着对应的表达，比如，可能情感上有些疏离（恨的部分），但是会继续赡养父母（爱的部分）。

在这个过程中，也许"原谅"的契机会出现，也许一直也等不到这个契机。那就试着接纳这个遗憾吧，毕竟，完成自我和解后，遗憾仅仅是遗憾，最终并不能影响我们下半场人生的兴致与轨迹，不是吗？

世上并无完美的
母亲

————

01
充满"爱意"的滤镜

2021 年春节档电影中，纪念已故母亲的《你好，李焕英》成了一匹黑马，斩获高口碑和高票房，承包了无数人的笑点和泪点。电影里的李焕英是这样的：爱笑、乐观、积极、有主见，还有着极强的接纳力。即使女儿贾晓玲从小到大没有给她长过脸，不是把屎拉在裤兜里，就是考倒数被老师罚站，还伪造重点大学录取通知书，让她在升学宴上颜面尽扫。但她还是骑车载着女儿，肯定着女儿对未来美好的畅想，笑着回应"我女儿肯定有出息"。

后来，贾晓玲穿越到 1981 年，和年轻的李焕英当起了朋友，却自以为是地想改变母亲的命运。她想让李焕英嫁给厂长的儿子，这样李焕英就能拥有富足的生活条件，更重要的是，还能生出一个高颜值、高智商、考入 UCLA（加利福尼亚大学洛杉矶分校）的女儿。让妈妈更幸福、更高兴，是贾晓玲的愿望，哪怕代价是自己消失。而贾晓玲在酒桌上眉飞色舞地说着李焕英将来的女儿多有出息时，李焕英只温柔地说了一句"我的女儿，我只要她健康、快乐就好"。李焕英其实是和贾晓玲一起穿越回去的，面对着重新选择命运的机会，李焕英仍然选择了平凡的锅炉工，也选择了"一无是处"的贾晓玲，而且她觉得自己这辈子真的很幸福。

这种"无条件的爱"，打动了不少人，但同时，也成了这部电影的一处逻辑硬伤。有人质疑："如果真的拥有妈妈无条件的爱，会在大学录取通知书上造假吗？会把'让妈妈高兴'当作自己的目标吗？会觉得对妈妈充满愧疚，且认为自己的出生是个需要被修改的错误吗？"的确，从心理学上来说，这是自相矛盾的。

我的理解是，出于对母亲的思念和哀悼，导演自动过滤了李焕英的"不好"，只记住和发展了"好客体"的部分，无意识地将她拍成了一个完美母亲的模样。这可以理解，情之所至，难免有失偏颇，也因此导致了电影中母亲角色的失真。

02
充满"恨意"的分化

与此相对的，我想起现实生活中的另一种情况——只看见母亲的"坏客体"。一个朋友，她的母亲年轻时性格孤僻、敏感、控制欲极强，与她的父亲感情不和。她在与母亲的共生状态中浑浑噩噩长到三十岁，自卑、怯懦如影随形，婚恋和事业都不顺利。三十岁那年，带着一事无成的挫败感，她开始大量学习心理学知识，逐渐意识到母亲和原生家庭对自己的影响和伤害。带着对母亲与日俱增的恨意，她加入了一个网络小组，在那里和各路"受害者"一起，一边怒斥母亲的无知和恶劣，一边同情着自己的遭遇，想办法自救。很快，这种情绪扩展到了她和母亲的现实关系里，在和母亲的争吵中，她丝毫不掩饰自己的

愤怒，常常一针见血地指出母亲的各种性格缺陷，以及在成长
过程中对她造成的创伤和阴影，好几次差点要断绝母女关系。

在这个过程中，她慢慢感觉到母亲对她的控制变少了，她
可以开始表达自己的想法和感受，也不再被母亲的情绪绑架。
她的内心变得独立和强大，不再是从前那个唯唯诺诺的女孩，
与此同时，她的冷酷无情也让母女关系降到了冰点。由于一直
聚焦着母亲的局限和缺点，她常常觉得，她的母亲是一个极其
失败的母亲，甚至不配成为一个母亲。

只看见母亲的"坏"，在自己的心里生长出强烈的恨，而这
股力量又帮助她从"母女共生"的关系中挣脱了出来，通过一
种野蛮、粗暴的方式，完成了个体分化。从某种意义上，这就
是这位朋友"自救"的方式。可她付出的代价是，切断了与母
亲的连接，也切断了自己的来处，切断了最初爱的来源和此生
最深厚的缘分。在很长一段时间里，她感到孤独、无意义，抑
郁倾向非常明显。徐凯文老师认为，从临床上来讲，简单地否
定父母，把自己的问题都归咎到父母身上，实际上也会因此否
定自己，切断自己的亲密关系。借着"恨"成长的朋友，差点
成为一个"孤魂野鬼"。

03
没有完美的母亲

　　只看见"好"，或者只看见"坏"，都是带着强烈的情感偏执的、无力整合的表现。真实的母亲，是"好坏客体"的综合体。

　　一个女孩，五岁那年被母亲抛弃，被养母抚养至十五岁。尽管后来生母把她接回了家，也一直在解释当年自己实在是情非得已，可她觉得这些都是辩解，对母亲也始终爱不起来。孩子天生对母亲有着深刻的依恋，被抛弃的经历，让她内心既愤恨又恐惧，她一方面努力压抑着强烈的攻击性，另一方面尽力避免和母亲发生更多情感连接，因为害怕再次遭到抛弃。她觉得母亲是自私的、无能的、不可靠的，所以始终与母亲保持着疏远的距离。母亲年老之后，身体机能逐渐退化，得了健忘症，不认识女孩是谁，且变得刻薄又倔强，周围的人都对她厌倦不已。但女孩却发现，母亲记得自己的女儿。

　　母亲总是随身携带着一张女孩五岁那年拍摄的泛黄的照片，一个人盯着照片喃喃自语："乖宝贝，妈妈对不起你。"女孩这才意识到，母亲原来一直是爱着自己的，那场分离，对母亲同样造成了巨大的创伤。这之后，女孩尘封的一部分记忆似乎被重新找了回来，她想起小时候半夜发烧，母亲一个人背着她一路跑到医院；想起母亲把她搂在怀里给她讲故事；想起母亲对她的微笑和夸赞。那个"好客体"，在她心里又活了过来。那一刻，母亲这个人才真正鲜活了起来。眼前这个女人，是母亲，也是她自己，更是一个普通人，有优点，也有局限，犯过错，也赎过罪，她在自己的人生中摸爬滚打着，度过了这一生。而她对母亲的感情，既有恨，也有爱；既能整合于心，又能明确区分，不再像之前那样极端化。这种个人分化才是健康而完整的，也只有这样，才能获得关系里真正的自由。

在《你好，李焕英》里，还有一个叫王琴的角色，她争强好胜，事事力压李焕英一筹，她嫁得好，生得好，自身优越感极强，也要求孩子必须优秀。我猜，贾玲也许将李焕英身上的一部分"坏客体"，无意识分裂和投射到了王琴身上。真实的李焕英，或许正是电影里的李焕英和王琴的综合体。

04
保持爱的连接

回到我的那位朋友。她后来也毅然踏上了整合之路，原因同样和她的母亲有关。一次重病之后，她的生活开始出现困难，加上抑郁情绪严重，她时不时会萌发轻生的念头。母亲知道后，主动提出前来照顾，她看着母亲每天辛勤地忙前忙后，帮她把糟糕的生活重新打理得井井有条，突然特别心酸。而且，她发现母亲变了。有时情绪失控，她又开始怒斥母亲对她的"残害"时，母亲不再反驳，只是默默低头说："我知道了，妈妈有错，可妈妈不是故意的。"她感觉到母亲强忍着被她"揭伤疤"的疼痛，小心翼翼地照顾着她的情绪。她没忍住，重新拥抱了母亲，而怀里的母亲，小小的、瘦瘦的，苍老又憔悴，仿佛想要用尽她最后的力气给女儿爱和温暖，再也不是那个曾经强势的女人了。

朋友说到这里，失声痛哭："我的妈妈，她的童年也很悲惨，人生也很坎坷，有自己的局限，可她真的在能力范围内，给了我她能给的全部。然而，我居然那么多年对她给我的爱完全置之不顾，只陷在自己的情绪里，不断把她'妖魔化'，怨她、恨她，甚至想要彻底摆脱她。"

和母亲重新连接以后，她的身心恢复得很快，现在，她已经能带着母亲的爱继续成长了。而且，她发现，母亲也成长了。出于对她的爱，母亲通过她的每一次"发泄"，审视和反思着自己的问题，也在努力做着改变。她说："其实父母是可以沟通的，但我很后悔自己用了这么残忍的方式。我妈很伟大，她承受住了我的攻击，还从中找到了有益的部分，发展了自我。"

　　没有完美的父母，也没有完美的家庭，因此，我们每个人或多或少，内心都有伤痕。大部分情况，都如我朋友这样，父母并非不爱，而是爱的方式不正确，或者他们根本不知道如何表达爱，以为给出的是爱，实际却是伤害。因为我们的父母，也从没有得到过正确的爱。认识到这一点，我们就能腾出一个空间，从更宽容、理解的角度，保持与父母爱的连接，在此基础上，才有可能看见他们作为一个完整的、真实的人的存在，从而实现内心"好坏客体"的整合。这是人格成长坚实的一步。而我们，也才有机会用更健康、更合适的方式，和父母一起交流、探索和体验什么是真正的爱，以及爱的正确表达方式。

你对父母的"孝顺"，
可能根本不是爱

01
我想做自己，可惜我不能

卡伦·霍妮在《我们内心的冲突》里引用过这么一句话：所有绝望的本质都是对无法成为自己而绝望。一个读者的留言，让我对此深有感触。

A 女士正在和丈夫闹离婚，这段婚姻已经千疮百孔，令她精疲力竭。但这婚最后没离成，不是她不坚定，而是父母不允许，因为父母觉得离婚"又丢脸、又掉价"，且跟她又哭又闹，各种哀怨。她看见父母痛苦的模样，心情很沉重，可同时又深感人

生索然无味，因此状态十分糟糕，甚至有过轻生的念头，但被
朋友劝回来了。朋友劝说的话语，她自己都觉得可笑："你的命
是父母给的，你考虑过他们的感受吗？"

"我活到三十多岁，一直对父母言听计从，从不让他们操
心。好好念书、考好学校，大学没谈过恋爱，因为他们不让，
毕业后放弃了北京的工作机会，回老家考了事业编制，然后
跟他们挑选的对象相亲、结婚。我想让父母开心，几乎凡事
都顺着他们，浑浑噩噩地活着。现在我想离婚、想解脱，想
做一次自己，为什么就得不到他们的支持呢？连死还要考虑
他们的感受。"

我想，她觉得"可笑"的点可能是：即使充满绝望和自嘲，
她最终还是选择了"照顾父母的感受"，扛下所有痛苦，继续为
父母而婚、为父母而活。在传统观念里，"让父母不开心"几乎
等同于"不孝顺"，这个罪过太大，很多人都会妥协，妥协的代
价就是"放弃成为自己"。因为成为自己，按照自己的意愿而活，
与顺从父母，按照父母的意愿而活，一定会发生某种程度的冲
突，这是两个独立人格之间的较量。所以，对那些特别"孝顺"
的人来说，如果父母能力足够强，或运气足够好，为他们做的

安排还算"正确"，最好的结果就是他们拥有了一个体面而绝望的人生。但更多的情况是，他们又痛苦又绝望，难以体面，就如这位读者一样。

这种"孝顺"看似情感浓度大，爱的能量层级却很低：很多时候，缺少了主观意愿的发心，只剩下道德捆绑的压力。也就是说，我爱你，但我是被迫的。

02
百试百灵的法宝

"被要挟"的感觉源于父母的操控。中国台湾电视剧《你的孩子不是你的孩子》里有一个很经典的片段，母亲希望儿子好好读书，努力考上大学，一旦考试考砸了，孩子就会经历一顿劈头盖脸的质问："妈妈花这么多钱供你读私立学校，你为什么不能争气一点？为什么不替妈妈多想一点？妈妈都是为你好，你怎么就不听话呢？"这个场景很具有代表性，母亲先表达自己的"牺牲感"，再以此为筹码，要挟孩子顺从和听话。这就是一种操控，而父母百试百灵的法宝便是利用孩子的愧疚感。

　　根据克莱因的理论，五到六个月的婴儿开始将母亲当作一个完整的对象，聚拢着"好乳房"和"坏乳房"，既令人满足，又令人受挫，由此发展出"爱与恨"的矛盾情感。而幻想层面整体指向母亲的破坏性和攻击性会令其进入"抑郁心位"，罪疚感也因此产生。通俗一些来说，我受你之发肤，承你之恩泽，可我内心依然对你无法时时事事满足我的部分留有恨意，这本来就让我有罪疚感。而一旦你表现出因我而痛苦，那么我的潜意识会认为我在现实层面果真给你造成了攻击和破坏，加之你再将自己"好客体"的部分有意识地强化并表达出来，那么罪疚感的程度会极大增强。罪疚感有两层核心感受：第一，这一切都是我的错；第二，父母那么好，而我那么坏，我羞耻至极。为了弱化这种具有摧毁力的情感，孩子只能启用"补偿与抵消"的防御机制，也就是缴械投降，一切顺从父母心意。

　　我觉得遗憾的是，很多父母似乎根本不相信，孩子天生就是爱他们的，并不需要他们这么用力地去"操控"和"勒索"。比如，电影《我的姐姐》里的安然，受原生家庭重男轻女的影响，性格一直尖锐而叛逆。即使因为不听话经常挨打，在父母去世后，她也忍不住在墓前悲伤痛哭，这是天然的、自发的。"不信任"可能源于父母自身的脆弱和匮乏，无力与孩子产生深刻的连接，也可能是因为"别有用心"：他们并不想要所谓"天然的爱"，而想要"他们眼里的爱"，即让孩子放弃自我，与他们保持共生，以此来实现他们"再活一次"的愿望。

03
纠缠共生的结局

我们知道，孩子需要完成个体化分离，心智才能逐渐发育成熟，长成一个独立、完整、有力量的成年人。"纠缠共生"对孩子的伤害是显而易见的：他们失去了真正"成人"的机会，并且将父子（母子）关系凌驾于一切，力比多始终无法顺利投注到其他关系里，这也注定了他们人生的悲剧色彩。

一个来访者，舞蹈老师，平时极度情绪化，不按套路出牌，热衷于放飞自我，呈现出一种很不稳定的人格状态。谈了五六次恋爱，每次都不欢而散，如今已结婚生子，但婚姻关系正走向破裂的边缘，且与孩子的关系非常淡漠。她来咨询，是因为她最近把工作搞得一团糟，不仅搞砸了几场演出，还被家长投诉，面临被解雇的风险，她因此陷入更大的情绪起伏之中。如果从她和母亲的共生状态来看的话，也许就不难理解她现在的局面。她的母亲曾是家中的绝对主导，她将自己无法成为舞者的遗憾投注到来访者身上，从小让来访者练形体，学舞蹈，让其一个人在艺校孤独地度过青春期。后来来访者考上北京一所有名的舞蹈学院，毕业后进入青年舞蹈团，拿了不少奖，小有成就。她人生的一切均在母亲的安排与掌控之中。她的母亲借着女儿，活出了一个理想的自己，而来访者，却只剩一具破碎的空壳，无力爱自己，也无力建立其他任何长久的亲密关系。

犹如电影《黑天鹅》的现实版，这大概是活在"纠缠共生"中的孩子的一种宿命。那么，被孩子千依百顺、万般"宠溺"的父母呢？他们快乐吗？我认为也未必。有两点原因：第一，孩子的"反噬"。当孩子的痛苦积攒到一定程度，人生开始失控时，他的攻击性便开始爆发。如果因为愧疚感无法惩罚父母，那么就毁灭自己。哪吒"剔骨还父，削肉还母"式的悲壮，既差点发生在那位读者身上，也可能正发生在来访者身上：我把我的职业和名声都毁了，就跟你和舞蹈两清了，妈妈。第二，治标不治本的伤口。父母的"共生"需求，本就是因为心里有无法愈合的创伤，他们无法活出自己，虚弱的自体需要借力他人而活。孩子"自我阉割式"的配合与成全，暂时"喂饱了"这个伤口，却也阻滞了它的彻底修复。来访者失败了，意味着她母亲的"第二次人生"也失败了，所有的遗憾和不甘，也许依然烙在母亲心里，使她得不到解脱。

04
把痛苦还给父母

解决的办法只有一个，就是我们要先尝试从共生之中抽离出来，学会"反操控"。"个体心理学之父"阿德勒提到的"课题分离"思想，其实就是实现个体分化的一种方法。

比如，在开头那位读者的案例中，"离不离婚、做不做自己"是她的课题，"为此感到羞耻、痛苦"是她父母的课题，他们应该分别负责自己的课题工作。对读者来说，"如何为自己赋能，摆脱父母的干扰，完成离婚"是她要考虑的；而"如何认识到这些负面情绪的来源，并且尝试去缓解它们"则是父母需要成长的方向。在这个视角下，父母不应该干涉她的离婚自由，而她也不需要为父母的痛苦负责，无底线地承接父母的情绪，一味地"溺爱"父母。所有的溺爱，本质上都是在剥夺对方的成长，父母对子女如此，子女对父母亦如此。

一个好的家庭系统，一定是家庭成员在共同成长，这就意味着，我们每个人都要学会认领和完成自己的功课，同时不去干涉和妨碍他人的功课。在这个"分化"的过程中，痛苦是必然发生的，尤其是对父母而言，他们会在很长一段时间内处于失控的愤怒之中。但我们要相信，父母有能力接住自己的情绪，这也本该是属于他们的功课。当然，也并非完全将父母弃之不顾，除在课题归属上保持"温和而坚定"的态度之外，我们在言语上依然对其保持尊敬，同时也可以通过其他方式表达对他们的爱。

正如刘丹博士所说：刚刚好的家庭关系，不会让每个家庭成员的角色错位，会积极利用家庭的力量和爱支持每个人努力活出自己。分化后的双方，人格会更加成熟，人生会更加开阔，能帮彼此更好地成长，这才是真正的爱。

易碎型人格，
如何自救？

一位小有名气的朋友遇到了网络争议，原因是她在直播中撵走搭档、直白吐槽、放飞自我，场面一度尴尬到工作人员临时中断直播画面。五个多小时的直播，在前半段她也确实比较积极主动，卖力地和两位搭档打配合，用心介绍产品；但是到了后半段，她架不住两位专业直播搭档依旧紧锣密鼓地带货的节奏，开始游离、不悦、焦躁，出现了各种小动作和小表情，还时不时不耐烦地用言语攻击搭档。到了推荐自己代言的口红品牌时，她情绪彻底崩溃，先是抱怨"直播和自己想象中差别很大，感觉失望且疲倦"，并起身离开，再是回来直接轰走搭档，独自一人发表"抵制主播卖货"的言论。

"这是我的直播间，我其实今天不想让两位过来。""很多
人是受不了这样的消费方式的，我一定要表示我不。""业绩什
么的，跟我有什么关系啊？"这场直播，最终以她一个人惨淡、
苍白的推销产品的方式结束。之后便是网友铺天盖地的讨论，
有骂她"情商低""作精""哗众取宠"的，也有挺她"真性情""敢
说敢做""纯真勇敢"的。抛开这些评价，朋友的"情绪不稳定"，
更多呈现出来的是她人格层面的不稳定，姑且称之为"易碎型
人格"：这样的人，大多内心住着一个破碎的小孩。

01
小时候懂事的孩子，长大可能不幸福

一个来访者，情绪极易失控，曾经因为琐事和老公吵架，在
高速上抢夺方向盘，酿成了一起车祸，两人在医院住了一星期。
在咨询室里，她略显沮丧："我也不想这样，有时候一点鸡毛蒜皮
的小事也能让我崩溃，可我控制不住自己。"咨询师问："在那一刻，
你是什么感受？"她说："心里有一股气，必须要撒出来，发火也
好、哭闹也好，根本忍不了。"这个"忍不了"，有两方面的原因。

一是自我容器功能不足。这种情况，经常发生在孩童时期很"懂事"的人身上。比如，个案中的这个女人，小时候父亲嗜赌成性，母亲成日流泪，家里几乎每天都会爆发战争。她一边恐惧，一边内疚，一边还要安慰受伤的母亲，试图用自己的乖巧可爱来挽回这个岌岌可危的家庭。

关于拜昂提出的"容器理论"，曾奇峰老师曾有一个解释：当孩子有一些不能承受的体验时，他需要把它丢出去，让一个具有外挂设备功能的容器（这个人通常情况下是妈妈）帮他消化这些不可承受的情感，再把它变成可以承受的情感，返还给这个孩子。由此可见，正常情况下，母亲是容器，发挥着接纳、承载、消化和解毒的功能，随着这部分体验被内化，孩子就发展出了"自我容器功能"，可以独立开展情绪调节。而一个"懂事"的孩子所在的系统，往往是反向的：大人的秩序混乱，而孩子出于对父母天然的爱，被迫成为"容器"。类似女人这样，自我容器功能是欠缺的，支撑"懂事"的并非真正的"容器"，而是他们早年的生命动力与能量。该被滋养的年纪，反而被透支，长大以后就成了一具草木皆兵的破碎空壳。

二是渴望被看见。这样的人，往往有着浓重的"情绪症结"。

一方面源于未经解毒而被自己粗暴压制的各种情绪，另一方面源于能量被耗竭的委屈和愤怒。回到那位朋友，从小她的父亲做生意很少陪伴她，母亲对她要求苛刻，不拔尖就用痒痒挠打手板、十二岁让她独自外出求学、考九十一分还要骂她没出息，就这样她失去了一个孩子应有的天真、美好和鲜活的感受。她的情绪从不对父母说，却在日记中发泄——"累死算了，我的快乐童年算是毁了"。没有内化一个好容器的朋友，长大之后言行逐渐夸张，情绪爆发点也越来越多。日益膨胀的"情绪症结"，在潜意识中左右着她通过一系列匪夷所思的"失控"来表达。每一次的失控，关联出的都不只是当下的情绪，而是横跨时空的"情绪黑洞"。因为那些隐秘的角落，一直渴望着被看见、被触摸、被治愈。也许，正是潜意识在指挥她：让你所有的痛苦重见光明吧。看起来的嚣张、任性、无所顾忌，也有可能是一种"求助信号"。

02
真假自我的较量

而"懂事"的孩子在成长过程中，还可能发展出一种状态：

人格面具强大，而真性自我破碎。人格面具可以是乖巧的、讨好的，也可以是强势的、孤傲的，但无论是哪种，都只是个体的一种策略，不代表真实自我的意愿。而一旦真假自我失衡，呈现出"外强中干"的状态，个体往往倾向于用"控制"来防御脆弱，从而表现出很强的控制欲。

一个朋友，刚上任公司中层领导时，非常强势，雷厉风行，不近人情。但在老公和闺密面前，她却常常莫名其妙地情绪崩溃，完全是一个不堪一击的小女孩的模样。"有时候，我觉得强势是一种工具，我害怕被人发现其实自己很弱小，我压力好大呀。"这是某一次喝酒喝到烂醉后，她哭哭啼啼倒在我怀里说的话。"高高在上"的人格面具，既能帮助控制局势，强化控制感，又能帮忙打好掩护，遮住她的脆弱。这是人格面具尚能应对的情况，但其发展得越成熟，可能越不利于真实自我的成长和人格整合。

再来看看那位朋友。她的人格面具也是强大的，在这次的直播事故中，她一直强调"这是我的直播间"，意思是应该听我的，按照我的风格来，不要那么赤裸裸地卖货，消费者接受不了。而两位搭档坚持高密度的卖货节奏，让她处于失控状态，她想夺回控制权。她曾试图通过一些温和的方式来应对，比如主动说"我们来聊聊天吧"，比如用手机照镜子来舒缓节奏，比如暗示搭档们"我感觉我要话再少一点，这个直播间就改名换姓了"。但显然，她还没有足够的能力和经验来控场。在这种情况下，"人格面具"的功能跟不上了，局面要失控了，而失控对她来说，是高于一切的灾难。关键时刻，她下意识用"放飞自我"的方式来增强力量感和控制感——因为真实的力量，远大于面具，这也是有人夸她"真性情"的原因。可惜的是，放飞出来的"真实自我"，是一个被卡住的、破碎的小孩。于是，表现出来的就是各种孩子气的发泄和崩溃，看上去是"情绪失控"，实际上仍在实施控制。

大部分人在应激状态下，都经历了这样一个从"假我"到"真我"的转换，而"情绪不稳定"恰恰是真假自我之间的悬殊导致的"人格断层"：从一个看似成熟的大人，突然变回了情绪化的小孩，企图靠撒泼、哭闹来解决问题。

03
如何自救？

关于朋友，有人这样评价她：从人格中分裂出来了一个极其飞扬的自己，可以接受任何表扬和谩骂；但真实的她在拥抱时都是往后缩的，不会给人一个实实的拥抱。这样一个她，其实是令人心疼的，就像一个单薄、无助的孩子，拼尽全力在战斗，撞得满头包，随时要碎掉。

对拥有"易碎型人格"的普通人来说，基于自我幸福和关系和谐，还是有必要做一些矫正和调整的。在此分享两个小建议：

第一，重新内化。寻找一个人格相对成熟、稳定的客体，发展深度关系。比如，前文提到的那个来访者，通过一段时间的咨询之后，她开始有了一些变化。她说："当我对着咨询师闹脾气，而她可以稳稳接住，并且帮助我厘清和解释情绪时，我觉得又温暖、又安全，我很喜欢这种感觉，内在小孩好像被兜住了，不那么能闹腾了。"改变只会在真实的体验中发生。早年没能从母亲那里获得的经验和功能，需要进行补偿，让她自己拥有重新内化客体经验的机会，这是非常关键的一步。当然，这个客体可以是咨询师，也可以是靠谱的爱人、亲戚或者朋友。

第二，自我调整。多检视自己的状态，和"真实自我"保持联结。记录是一个很好的办法。比如，在某次社交场合中，当你游刃有余地发挥了"人格面具"的功能之后，可以觉察一下自己内心真实的声音，记录下来；又比如，某次情绪失控后，将那些复杂的、痛苦的感受，甚至任何所思所想，都通过自由联想的方式记录下来。在心理学中，"自由书写"是一种能够关联出潜意识的方式，而潜意识一旦被意识化，不可控的部分就会减少，这就是一种自我疗愈和整合。"让人陪好"和"陪好自己"，缺一不可。

祝福每一个破碎的内在小孩，都能重新被滋养、被呵护，安心地二次长大。

"

辛苦你啦，内在小孩

"

Chapter 2

深刻的自我接纳: 拥有高配得感,
解锁开挂的人生

无龄感，才是一个人的顶级魅力

在号称耗资七个亿的《上阳赋》里，四十一岁女星演起了十五岁的少女，虽然颜值、演技都在线，但由于年龄差距过大，强烈的违和感让很多网友纷纷吐槽："这个年纪还在演纯情少女，实在让人出戏。""这是十五岁吗？眼角的皱纹能夹死一只苍蝇。""太装嫩了吧，尴尬得能用脚抠出两室一厅。"

短短几个小时，关于"少女感"的争议和讨论，在微博上登上了好几个热搜。对"少女感"的执念，在演艺圈似乎被格外地放大，"冻龄女神""不老神话"之类的标签，成为众多明星追逐的目标。这种现象反映了两个问题：**第一，大众的审美偏好依然是幼龄、少女，要迎合市场，就得迎合这种偏好；第二，**

明星承接了更多"理想化"的投射——我想保持少女感，我做不到，可你做到了，那么你就是偶像。所以，追求"无龄感"其实是一种普遍现象。

01
真正的无龄感

很多人认为的"无龄感"，是指身体上的"无龄"，意思是年龄可以增长，但是得在身体上不留痕迹。

我有一个朋友，三十五岁，单身女性。她对自己的要求极为严格：每天健身和练瑜伽，定期做医美，用着国内外各种牌子的保健品和保养品，精心打扮和穿搭，时刻保持热情与活力。她看上去体态轻盈、皮肤光滑、身材纤细，其他人很难猜到她的真实年龄。可在积极自律的背后，却是她深深的焦虑：我年纪已经这么大了，再不让自己显得年轻一点，更难找到合适的人了。

很可惜，驱使她保持美好的不是追求美好的动力，而是对年龄的恐惧。害怕衰老，是大部分人"年龄焦虑"的来源，因为衰老意味着失去美丽的容貌、失去优秀的体能、失去旺盛的生育力、失去强烈的性魅力，乃至最后失去生命。**所以，努力让自己保持年轻，在身体上是对衰老的一种防御，在心理上则是对丧失感和死亡焦虑的一种防御。**而且，在"男性凝视"的审美中，年轻被认为是一个女人的资本，因而也成为很多人自我价值的承载所在。一些打着"三十而骊""不惧年龄"标签的选秀节目，最终却沦为了一场"逆龄"的选秀，大龄姐姐们只有表现得无限接近二十岁，才有可能留在舞台上。

可面对"衰老"这个自然规律，越是防御，就越会焦虑。比如，朋友每年在保养上要投入大量的时间和金钱，眼看效果一年不如一年，开始夜夜失眠，大把掉头发；而《乘风破浪的姐姐》高开低走、口碑下滑，也恰是因为对"无龄"的妥协和迎合，激发了观众更深的年龄焦虑：连姐姐们都得靠扮嫩才有市场，我怎么办？**这种所谓的"无龄感"，反而让年龄的气息无处不在，身心完全被束缚住，不得自由。**

那什么是真正的无龄感呢？作家三盅有一个被广为推崇的定义：人抛开自己年龄的约束，跟随着自己的心意，让自己保持并拥有一份与年龄无关的青春式追求的生活方式。**也就是说，真正的无龄感，不在于皮囊，而在于心。**

02
忘了年龄的人

有一些光彩夺目的女性，在她们身上，年龄仅仅是一个数字。她们拥有健康的身心状态，充分敞开自我，坦然面对衰老，且对生活保持好奇、充满热情，随时追求并投入喜欢的事情中，拥有随时重新开始的勇气。她们沉浸在蓬勃的生命之中，似乎浑然忘记了时间和年龄。

比如，登上美国《时代》周刊的摩西奶奶。她出身于农场，后来又嫁给了农场工人，她大部分的人生被擦地板、挤牛奶、装菜罐头等杂事充斥着，平日里以刺绣为乐，日子平凡却也安然有趣。直至七十六岁，因为劳累患上关节炎的她，无法再继续刺绣，爱生活、有追求的她主动开启了另一种人生，她选择了画画。凭借对美的热爱、对生活细致的观察，摩西奶奶迸发出惊人的创作力，凭借着感染力超强的作品，她很快成名。八十岁在纽约举行个人画展，纽约州将她一百岁生日那天特别命名为"Grandma Moses Day"（摩西奶奶节），从此殊荣加身。很多人把这归于"天赋"，但在农场的漫长岁月中所积累的素材、思考和沉淀，却是时间和年龄赠予她的最珍贵的灵感和礼物。

她不回避年龄，也不刻意"不服老"，而是与时光做起了好朋友，在时间之河中顺流而下，一路采撷芬芳。正如她在《人生永远没有太晚的开始》中所说："现在"就是最恰当的时候，对一个真正有追求的人来说，生命的每个时期都是年轻的、及时的。

拥有"无龄感"的人，还保持着一种信念感和天真感，历经沧桑，却不见沧桑。比如，奥黛丽·赫本。她虽然出身高贵，却一生坎坷，童年经历战乱，缺少父爱，成年后两段失败的婚姻令她伤心欲绝。可她心中对爱的信仰，不仅从未消失，反而随着年龄的增长，从"小爱"转变成了"大爱"。她开始投身和专注于儿童慈善，无数次奔赴非洲艰苦地区。在那张怀抱着挣扎在死亡边缘的孩子的照片上，赫本丝毫不掩饰脸上的皱纹与憔悴，但从灵魂深处透出来的美，却令人无比震撼。很多人说，六十岁之后，赫本反而有了比年轻时更优雅的气质，眼神里除了曾经的灵动，还多了很多慈悯。赫本说过，"我相信快乐的女孩最漂亮，我相信每一天都是新的一天，我相信奇迹"。她也说过，"在年老之后，你会发现自己的双手能解决很多难题，一只手用来帮助自己，另一只用来帮助别人"。**坚定的信仰和清晰的**

自我价值感，能抵御一切年龄和风霜。

03
保持"无龄感"的秘诀

有一个"时尚奶奶团"穿着旗袍游巴黎的视频获得了上亿次点击，迅速走红网络。满头银发被干净利落地束起，眼角的皱纹被妆容衬得精致而性感，她们踩着复古高跟鞋，身姿摇曳、举止优雅，在埃菲尔铁塔下、卢浮宫前、塞纳河畔尽显东方之美。网友纷纷感慨：不受年龄限制的美，才是真"无龄之美"。想要突破年龄局限，实现"年龄自由"，有两层"内功心法"，可以让"无龄感"由内而外散发出来。

第一，深刻的自我接纳。一个人的自我接纳水平，往往取决于对自己的局限的接纳程度。刘嘉玲曾说过一段非常温柔的话：二十多岁的女孩青春洋溢，很美；三十多岁的女人了解了很多生活，眼睛里开始有了故事，也很美；五十多岁的女人，像我，虽然皮肤的质地没那么漂亮了，但我眼神的光芒是年轻人没有的。每个年龄其实都有每个年龄的味道，每个年龄其实都是恰到好处的自己。这就是自我接纳。年龄是自我的一部分，每个年龄段都有它的局限性。有的人，内心对年龄充满排斥和否定，这种自我攻击投射出去，就会对外界评价非常敏感，总感觉他人也在嫌弃和攻击自己，因此变成执念于"少女感"的人；**而有的人，先一步接纳了每个年龄的局限和丧失，反而看见了局限之外的美好，于是忘了年龄，专注享受美好，安心做自己。**自我接纳，是摆脱年龄束缚的第一步。

第二，**旺盛的生命驱力。**弗洛伊德认为：性和攻击性是生命的两大驱力，而这两者的升华，便是愉悦和竞争。特斯拉总裁埃隆·马斯克的母亲梅耶·马斯克，七十二岁，有三个子女，十二个孙辈，却在这个年纪成为一名超模，迎来了事业最高峰：出演碧昂斯的 MV，六十七岁在纽约时代广场独占四块广告牌，满世界演讲，2019 年自传《人生由我》在美国出版，后被翻译成二十多种语言，畅销全世界。梅耶的一生，是不断重启的一生，她经历过家暴、离婚、失业，独自带着三个孩子经历各种人生艰难和低谷，最终不仅三个孩子全部成才，自己也在暮年实现了人生理想。她的名言是：Old is Gold（人老是金）。**她在每一个年龄段都尽情享受愉悦和竞争，旺盛的生命力拓展了生命的**

维度，打破了"什么年龄做什么事"的禁锢，活出了不设限的人生。

"无龄感"是一个建立在清晰的自我认知基础之上，剥去年龄标签，完成自我整合的过程，当有限的生命被投入无限的热爱和释放之中，岁月的枷锁脱去，你便获得了真正的自由。愿你拥有无龄感，此生纵情而活。

每一个低谷，都藏着翻盘的机会

————

　　有一位脱口秀笑星，别具一格地以"天然丧"深得人心。这个自称"985废物"的女人，往台上一站，浑身上下就写满了"丧"字，散发着"我只想当一个废物"的气息。很多人都认为，她这种真性情的流露，很有人格魅力。但我觉得，可以往深处再看一层：她有一部分魅力，源于她的智慧，即懂得如何充分转化和利用资源。

　　该笑星其实患有抑郁症。一个普通的抑郁症患者，可能是一潭沮丧的、无望的死水，就像走在凛冬中，四周一片荒凉。但是，她偏偏站在这一片荒凉之中，欣赏起了雪景，还不断琢磨着，如何把这片独特的风景，呈现给外面的世界。所以，她用脱口秀的方式，尽情表达着自己的"丧"，而且取得了巨大的成功。她把低谷期的抑郁和"丧"，变成了一种稀有资源，并且利用这些资源，为自己引来了不少"活水"，这是她的厉害之处。而这也给我们带来了一个启发：换一个视角来看待低谷期，未必是件坏事。

01
专注当下

低谷期有一个特点：状态低迷、颓废，似乎对世界丧失了大部分兴趣，有些人还会变得自闭。

一个朋友，在经历了重大的生活变故之后，和从前开朗健谈、积极向上的她判若两人。她开始活得很粗糙，很少化妆和打扮，房间也疏于打扫，杂物成堆；变得沉默寡言，不再和朋友聚会、逛街；放弃了很多爱好，如钢琴、烹饪、书法，阳台上的花草死了一大片。以弗洛伊德的观点，这些都是受死本能驱使的、一种要摧毁生命秩序的冲动，表现出来就是能量值低、活力下降、兴致索然。但是，她却在沉寂的一年时间里，读了两大箱书，写了近十万字的读书心得，还得到了出版社的出书邀请。

回忆起那些日子，她说："我每天昏昏沉沉地躺在床上睡觉、哭泣，或者挣扎着下床，机械地吃东西、工作，其他时间全部在看书，写东西。我失去了做很多事情的动力，只有阅读这一件事，是我拼命想要抓住的、唯一的出口，也只有在这件事里，我感觉自己是活着的。"

低谷期的人，由于经历过重创，神经变得脆弱而敏感，此时自我防御机制开启，潜意识会主动屏蔽多余的通道和信息，只选择和保留少量合适的、安全的，可能也是对自己而言，意义最深刻的方式，去保持自己与世界的联系。而换一个角度来看，由于欲望少，有限的精力被难得地集中了起来；由于能量弱，失去了幻想和控制未来的力气；由于活力低，作为与死本能的对抗，"黑色生命力"正在积极蓄能，迸发出强烈的求生欲。

由此得到的意外礼物便是能够专注地活在当下。此时的生命更加纯粹，反而是成事的最佳时机。往远处看，有忍辱负重的司马迁，在牢狱之中成就奇书《史记》，有屡遭贬谪的苏轼，在远离庙堂的偏远之处创作出许多千古名作；往近处看，"以丧服人"的笑星也正是在低谷期中，成就了自己"脱口秀女王"

的称号。

《易经》里有个词语叫"潜龙勿用"，意思是说一个人在低谷期或逆境期时要学会蛰伏，伺时而动。我理解的"蛰伏"，并不是单纯的隐忍，而是利用低谷期的资源，在专注中发展、蓄力。

02
人格整合

心理学家卡伦·霍妮曾说：低谷期是人格整合的最佳时期。

第一，由于与世界交手时被挫伤，人对于自我的认知更加客观、清醒。我曾在知乎上看到一个网友的经历：他本是某互联网公司的设计师，因不安于"打工人"的身份，辞去高薪工作，开始做短视频。由于对自己的能力和才华非常自信，他认为自己最多三个月就能赚到第一桶金。可是半年过去了，他的粉丝也才突破八百人，收入不到一百元。眼见着积蓄快被花光了，他懊恼不已，又急又躁，一时之间患上了轻度抑郁症，整个人一蹶不振。又花了半年时间调整，他才慢慢从低谷期走出来，重新找了一份工作。他说："我的梦想还在，只是拎得清自己有几斤几两了，打算从副业开始积累经验。"这就是一种人格整合的过程：在幻想中膨胀的自恋触碰到现实边界而破灭，使得真实自我的边界更加清晰。

第二，承受震荡之时，人格系统内部的漏洞更易被觉察，因此低谷期是发现漏洞、解决漏洞的最佳时机。比如，上述网友在低谷期对自己进行了深刻的反思。

· 盲目乐观

· 完美主义

· 自视甚高，很难听取意见

· 爱单打独斗，不信任他人

· 不擅长借助资源和力量

这些隐藏在人格层面的问题，从未如此清晰地暴露出来，看见即疗愈的开始，因此这恰好也成为他将问题逐个击破的机会。

第三，与自我的联结更加紧密。有一位女创业家，由于产后抑郁，经历了很长一段时间的低谷期，她在自己的新书里写道：在人生的很多时刻，如果外在力量都帮不了你时，真正能救你、支撑着你走出一步活棋的，唯有你心底那些不一样的气象。这些"气象"就是底层的信念和价值。

一位曾经红极一时的女星，她有过两段失败的婚姻，尤其是在与上一任丈夫的感情中，鸡飞狗跳的婚后生活，"狗血奇葩"的离婚大戏，使她一度成为大众茶余饭后的谈资。该女星的事业也遭受重挫，一度消失在娱乐圈。

给予她重生力量的，是她去农村支教时遇到的一个三岁男孩。男孩由于车祸失去双腿，也没有母亲疼爱，却依然肯定自己、积极乐观。与其说是被男孩鼓舞，不如说是男孩唤醒了她内心沉睡的信念和价值，同频共振的力量帮助她浴火重生、重整旗鼓。支持着她走过低谷期的，其实是她另一个真实的自己，这个过程，能让自我联结得更紧密。现在，她的事业正在复苏。

03
重建秩序

从哲学视角来看，低谷期还是一个"旧死新生"的过程。还是以那位女星为例，她在沉寂的这段时间里，先后经历了两次低谷期。第一次，受感情事件影响，她被迫放弃原来热爱的演艺事业，成了一个彻底的"糊咖[①]"。第二次，跨界做起了女商人，但因为对商业认知浅薄、对自己影响力的错误估计，赔完了全部身家。

震荡期，是指原来的轨道、节奏和秩序平衡被突然打破，无序、混乱的状态会给人带来强烈的不适感的时期。第一次震荡，直接将她从"娱乐艺人"的轨道"震出"了公众视野；第二次震荡，则将她好不容易重建的自信、安全感及秩序感再次击溃。对旧有秩序的解体，有一个很形象的比喻，就是"我的世界崩塌了"，也象征着"旧我"的死去，这个过程必然是痛苦的。

而低谷期的另一大资源，就是在一片荒凉和死寂之中，孕育着新的希望。在第一次经历低谷后，该女星盘点手边资源，调整轨道和方向，迈出了从"艺人"到"商人"的转型之路。这是一次重大转折，虽然失败了，却开启了自我意象的更替与变革，这是"新我"的萌芽。在第二次经历低谷后，她在更加深刻的内在碰撞和沉淀之中，完成了自我整合，一改往日浮夸、高调的作风，带着团队从一家月子会所做起，踏踏实实地打磨专业化的服务标准。甚至在每年大年初一的早上，她会化好精致的妆容，打扮得

---

① 糊咖，指曾红极一时，如今却销声匿迹的艺人。——编者注

喜气洋洋的，带着红包和福袋，亲自挨个给月子会所的妈妈们拜
年。这一次，她成功了。从月子会所、早教班，到美容院、蛋糕店，
再到 MCN 上市公司的董事，她成了叱咤风云的女商人。

每一次低谷期的来临，也许正是在提醒你：你的内在秩序
系统需要迭代更新，才能与世界更好地同频，碰撞出更多火花。
而利用低谷期，完成新旧秩序的重建，将重新获得与世界共振
的机会，这才是真正意义上的走出低谷。现在，该女星已经焕
然一新地重回荧幕，继续拥抱她的演艺梦想了。

04
你为什么错过了"低谷资源"？

很多人会疑惑：为什么我在低谷期时，只感到无穷无尽的压
抑和痛苦？其中一个原因可能是，过强的自我防御，无法敞开自己。

小说《夜晚的潜水艇》中有这样一段话：如今他跌坐在岁
月的尽头，沮丧地认识到，这一生非但不是幸福的，甚至也不
配称为不幸，因为整个的一生都用在了战战兢兢地回避着不幸，
没有一天不是在提防，在忧虑，在克制，在沉默中庆幸，屈从

于恐惧，隐藏着厌恶，躲进毫无意义的劳累中，期盼着不可言说的一切会过去。

逃避现实、逃避当下、逃避痛苦，为了逃避这些，便躲进虚无的幻想里，或者沉浸在后悔和遗憾中，或者沉浸在否认和拒绝中，或者沉浸在担忧和焦虑中。无法将自己全然敞开，就会错失当下的馈赠。就像那位笑星，如果她无法将自己的抑郁症敞开，就没有现在的以"丧"服人；就像那位女星，如果她无法将感情事业的双失利敞开，可能很难跨界成功，甚至不可能重归荧幕；就像我的朋友，如果她无法将自己的重创敞开，也就无法获得出书的机会。

所以，如果要给低谷期的朋友一个建议，我的建议是：请先勇敢地接纳来自低谷期的馈赠，接纳自会带领你走出低谷。愿大家能够带着积蓄的力量，打开崭新的、充满希望的每一天。

实现"情绪自由"的人，都有开挂的人生

曾经有一个新闻引发五亿网友热议，上了热搜。深圳的一位母亲，因为怀疑女儿小洁偷了自己二十八元，一怒之下用塑料按摩板多次暴打女儿，致其失血性休克死亡。在小洁的父亲和外公向法院出具谅解书，对该母亲予以谅解的前提之下，法院以故意伤害罪，判处她有期徒刑十年。而庭审期间，这位母亲痛哭流涕，称自己每天都活在痛苦与后悔之中，无法原谅自己的行为。一时的情绪失控却酿成大错，这位女士也在一夜之间被骂上热搜。

"一个成年人情绪失控至此，太失败了，不配当母亲。"在成年人的世界里，"情绪化"往往代表着不成熟、不体面、不合格，这位母亲因此付出的巨大代价，似乎更印证了这一点。相反地，"戒掉情绪"则成了一项备受追捧的优秀能力。之前某女星 A 自曝她需要靠吃药来控制情绪，曾因为吃药，三天胖了八斤。很难想象，总是挂着招牌式甜美笑容、靓丽照人的 A，私下竟然也有这么严重的情绪问题。网友们感慨："不愧是著名演员，就连在'演好一个情绪稳定的成年人'这件事上，也如此优秀，不留一丝痕迹。"其实，大家心里都有数，所谓的"戒掉情绪"，其实只是在"拼演技"，比谁更能忍。但这并非"戒"字的真意。

01
戒掉情绪的人

把情绪忍下来、压制住，充其量算是一种控制。武汉的一名"95 后"程序员深夜到餐厅，点了一份炒饭和啤酒。在和家人通电话时他突然情绪崩溃，泪流不止，但又怕电话那头的家人察觉，不敢哭出声。最近半个月，他每天加班到凌晨两点，而他五点就要起来上班，巨大的压力让他喘不过气，还要在人前硬撑。当班的厨师了解到这些后，暖心地用两个鸡蛋和一根火腿肠做了一份"100分"造型的爱心餐，让男人深受感动。
这个新闻很戳人心，引起了网友的强烈共鸣，很多人都说"仿
佛看见了自己"。

　　为了戒掉情绪，可以有多努力？一边透支身体，一边顶着
压力，把情绪隔离起来，装作若无其事；不愿被人察觉，特意
选择深夜独自出行；和最亲近的人打电话，明明满腹心酸和委屈，
却还要把崩溃调至静音状态。

　　由于对情绪有敌意和羞耻感，"不动声色"成了一种情绪
隔离和心理防御机制，而并非"真功夫"。到最后才发现，所谓
的"戒"，只是在戒给别人看，那些被憋下去的情绪，反而成了
一次又一次的自我攻击，将自己越捆越紧，情绪在心中不断发
酵，越演越烈。弗洛伊德曾说：未被表达的情绪永远都不会消失，
它们只是被活埋了，有朝一日会以更丑恶的方式爆发出来。

　　"更丑恶的方式"一般有两种：第一种，是攻击性指向外部，
程度之强烈往往"一战成名"，成为讨论焦点。比如，失手杀死
女儿的母亲。此外，有一些不易被察觉的被动攻击，杀伤力也
不容小觑。比如，表面千依百顺，最后却总是无法兑现承诺的
老公，或者关键时刻总在掉链子，拖团队后腿的同事。第二种，

是攻击性指向内部，比如崩溃痛哭的程序员，以及大部分的抑郁症患者等。不仅如此，还可能出现躯体化症状，就像女星 A，情绪失控时身体僵硬、腿发软、眼发黑，不得不吃药缓解。除此之外，女性的乳腺疾病和子宫疾病，大多都与情绪相关。

控制情绪没错，这是"戒掉"情绪的第一步，问题出在后半段：很多人都缺乏足够的意识或能力，去处理和消化被控制住的情绪。也就是说，将情绪拦截下来之后，却无法好好与情绪相处。

02
存在即正义

于是，有人提出一个解决办法——与情绪和解。这正是"戒掉"情绪的第二步，其关键在于理解情绪是有意义的，包括那些被当成洪水猛兽的负面情绪。

第一，看见创伤。浓度很高的情绪形成"症结"，就像一个扳机点，不小心触碰就会喷涌而出。一个女人来到咨询室，自述容易情绪失控，喜欢任性"犯作"，导致夫妻关系紧张，自己也非常痛苦。她描述了最近的一个情景：她让老公下班带一瓶酱油回来，老公满口应允，结果回家却是两手空空。她大声质问，却没有得到解释和回应，男人只是略显疲惫地躺在沙发上。瞬间暴怒的她，把家里的锅碗瓢盆砸了个遍，还把老公赶出了家门。咨询师问她："当你老公不回应你的时候，你是什么感受？"女人想了想，说："心里有一股怨气，必须发出来，控制不住。"很显然，老公的行为，扣动了女人的"扳机点"。

在咨询师的引导下，女人发现自己对"得不到回应"这件事非常在意，80% 以上的情绪爆发都因为这个原因。追溯到她的童年，由于父母感情不和，她常常遭到冷眼和忽视，感觉自己不值得被爱，随时要被抛弃，充满了委屈、恐惧和不安。在亲密关系中，男人的"无回应"让女人这些深埋于心的情绪被重新激活了，它们跨越时空而来，渴望通过极端和激烈的方式，被看见、被抚摸、被疗愈。这就是情绪传递出来的信号：你的潜意识里还有未处理的创伤，请好好爱自己。

第二，满足需求。情绪还承载着内心需求，比如，现在流行的"网抑云"现象，是指一些"网易云音乐"的用户，白天积极向上，一到晚上就躲进 App 里，听各种伤感歌曲，写各种心碎文案，主动切换成"抑郁"状态。这一情况说明了两点：

一是借"抑郁位"宣泄。在音乐中咀嚼某一段伤心往事，把自己重新代入"受害者"角色，一来满足一下自恋情绪，二来让沉积的情绪有了名正言顺的出口，让情绪得到梳理和消化。二是借"抑郁位"反思。有些人没啥伤心事，可偶尔也需要"抑郁"一下，可能是内心还有悬而未决的困惑和难题，而只有在"抑郁位"上，人才会进入反思，变得更清醒、更智慧。

很多时候，我们是需要情绪的，而怨它、恨它，实际上是在恨自己没有力量驾驭它。电影《头脑特工队》诠释了每一种情绪的意义："快乐"令人愉悦，"愤怒"保护边界，"厌恶"保持谨慎，"恐惧"远离伤害，"忧伤"带来成长。看见和接纳情绪存在的意义之后，才有可能尝试着与情绪和解。

03
情绪自由的秘密

关于"戒掉情绪"这个说法，某女星B算是代言人之一。有一次参加访谈节目，她直言："任何不管天大的事，就是觉得特别大的事情，我会跟自己说，我给你一个晚上，或者我给你两个晚上，你让它过去。"B自出道就是"招黑体质"，"脚臭""谁红跟谁玩""人设崩塌"……这些都曾是她的"标签"。但她似乎就这么云淡风轻地过来了，而且越来越红。因此，B成了"励志标杆"，"戒掉情绪"也成了"狠角色"的标配。

但其实，"戒掉情绪"并不是指完全舍弃情绪，没有七情六欲，没有快乐悲伤，成为神一般的存在。"戒掉情绪"的终极含义是：实现情绪自由。也就是说，能够灵活地在情绪里穿行而过，而不被束缚捆绑，这才是那些厉害的人的"内功心法"，"不动声色"只是一个表象而已。这就需要完成第三步——提升心理容器功能。所谓心理容器功能，是指能够接纳、辨识、梳理和解放情绪的心理空间。

回到B，随着她被黑得越惨，大家越发感觉她"情商很高"。比如，被黑"脚臭"之后，她大婚之夜不忘自黑"脚臭"，逗乐了网友；比如，被黑"发际线太高"时，她主动发微博自嘲"我是一个禁不起批评的人，如果你们批评我……我就去植发"。能把这些黑料接过去，消化之后再抛出去，为自己重新赢得好感，说明她的心理容器功能是很强大的。在这个心理空间里，被攻击激起的复杂情绪会被看见、被理解、被净化，转化成自己可以消化的内容，最终得以整合。她说的"给自己一个或两个晚上"，其实就是在调动这部分功能，把自己从情绪中解放出来。

拥有情绪自由的人，能带着觉知，自如地驾驭情绪，对他们来说，发火不再是"发火"，而是适时让别人感受到自己的边界和态度；痛苦不再是"痛苦"，而是主动选择的沉淀和成长。当然，提升心理容器功能并非易事，也并非一朝一夕可成，可以阅读一些高质量的心理书籍，结交情绪稳定、人格成熟的朋友，或者找一位靠谱的心理咨询师。一方面，这些能够帮你构建出一个容纳和处理情绪的空间；另一方面，随着深度互动和体验，慢慢将这部分功能内化成自己的一部分，心理容器就扩大了。

祝大家都能拥有情绪自由。

能一口吞下命运的，
才是真女王

———

参加了年某档火爆综艺的某女星，多了一个"虎妞"的标签。她表现出来的耿直、爽朗、"迷之自信"，与原本性感冷艳、霸气御姐的形象形成鲜明的反差，令人印象深刻，也凭借"外美内憨"的特点，让无数人争着去"法国排队"。而在最终的成团宣言中，她又展现出了另外一些特质：大气、独立、深刻、有魄力。"人生就是 50% 的成和 50% 的不成，我今天就准备了那 50% 的成的部分。"金句开场，干脆利落地总结"五五开的人生"。接下来，她探讨了独立女性需要具备的能力——"支配时间""对暴力和拳头说'NO！'""展现自我才华""培养独立和敏锐的判断力"，她对女性人格独立的剖析，既精准，又有高度，而最后那句"巴黎不远，队也不长，你若敢爱，我陪四方"，充满对爱情的憧憬和笃定，完全不像是经历过两段失败婚姻的女人能说出的话。

这番发言之所以打动人，是因为它源于该女星的亲身经历，真实才有力量。在《人物》的采访中，有这样一段描述：经纪人回想这些年的经历……她觉得命运对于该女星而言，就是那时她刚来北京时看见的水果，无论面对的是什么，她都不过是拿起它们，一口吞下。该女星的成团宣言，更像是在影射她的人生：乘风破浪的前提，是要有"一口吞下命运"的能力。敢于容纳命运的好与坏，是一项非常稀缺的心理品质。

01
不敢触碰之"好"

人人都渴望美好，但当命运真的慷慨馈赠时，却并不是人人都能接得住的。很多人在潜意识里是恐惧美好的，甚至会去蓄意破坏美好的事物。

网友 A，老公对她极尽宠爱，小日子过得和和美美，可是每次她爸妈过来小住，她就开始变得不对劲，看老公哪儿都看不顺眼，各种找碴、吵架。A 害怕幸福，尤其是害怕在父母面前幸福。

网友 B，事业初成，已跻身中产之列，但衣着朴素，极少化妆，护肤也只是简单保湿，日常极为俭省，一件新衣都不舍得买，"抠门劲"与她的身份格格不入。B 害怕优渥的日子，不敢享受物质生活，也不敢提高生活品质。

网友 C，才华横溢，野心勃勃，却因为迟到丢了一个千万级大单，因为失误搞砸了两次升职机会，错过了事业的黄金发展时期，至今平庸无为，满心怨愤。C 害怕成功和金钱，因而迟迟不敢突破。

网友 D，孜孜不倦地买彩票，有一次真的中了十万元，却开始深深担忧，夜不能寐，还跑去找算命的算了一卦。她认为自己一向财运平平，突然运气爆棚，会不会意味着灾祸要降临？D 害怕好运气，老天的特别眷顾反而成了她的压力。

幸福、财富、成功、运气，这些都是为人所向往和追逐的美好，在她们眼里却成了"叶公好龙"。自我意象"不美好"的人，在面对"美好"时，会产生强烈的"不配得感"，拆解开来，主要有两个原因：

一是保持忠诚。孩子是天然与父母保持一致的，在个体分离中，孩子会更替旧的自我意象，试着发展"边界"和"不同"，成长为一个独立的个体。如果没能得到祝福和发展，只感受到父母的恐慌、责难，那么孩子在愧疚感之下，会潜意识地继续选择保持忠诚。父母的婚姻是吵闹的、不幸的，那么我的婚姻也不能幸福；父母是贫穷的、匮乏的，那么我的生活质量也不能提升；父母是普通人，我也得是毫无建树的普通人。这既是对父母的忠诚，也是对旧的自我意象的忠诚，忠诚能保持稳定，平衡各方的安全感，哪怕是"不美好"的。

二是避免惩罚。有些父母为了维护自恋情绪，是不允许孩子超越自己的。意识层面也许无法识别，毕竟都在"望子成龙"，但潜意识会从态度、语气、眼神、表情、行为等各方面全力打压孩子，把这份"惩罚感"完整传递给孩子。于是，孩子害怕突破与超越，害怕成功与喜悦，害怕突如其来的幸运把自己领向美好，这些都会激起潜意识里被父母植入的"惩罚感"。当这种感觉足够强烈，却又未被辨识时，就成了担忧"天降灾祸"，总之，他们认为，当好的事情发生时，就一定有不好的事情接着出现。以上，也是曾奇峰老师提到的"爽透不能"。

02
不可承受之"难"

面临苦难时的心态更具张力：一边抱怨、愤懑，一边却沉溺、享受。一个来访者，老公出轨，半年多以来她痛不欲生，却一直不肯离婚。她对咨询师说："我们结婚五年多，感情还不错，我一直觉得自己挺幸福的，真的不能接受这个事实。"哭了一会儿，她变得歇斯底里起来："我对他这么好，为他付出这么多，为这个家尽心尽力，他凭什么这么对我？我这是造了哪门子孽呀！要遭这样的报应！"

"抱怨、愤懑"是指不愿意接受"这件事发生在我身上"：为什么偏偏是我老公出轨，我的婚姻出问题？拒绝接受现实，是因为"苦难"和"创伤"会挫伤自恋。施琪嘉老师曾说，我们活下来是基于一系列虚幻的信念，这些虚幻的信念可称为神话，比如，坏的、不幸的事情不会发生在我们身上；世界是公正、道德的。这些"神话"就是防御机制，保护着人的自恋，而苦难却将这层防御赤裸裸地剥开，于是，"拒绝承认"成了人最后的挣扎。

"沉溺、享受"是指受害者心态上瘾。其实，在苦难降临时，每个人都希望自己的痛苦被看见、被理解，这是创伤被治愈的

前提，因此"受害者心态"是合乎情理的。可若是长时间以受
害者自居，就可能有猫腻。一方面，受害者是得到关注、同情、
照顾的一方，身居道德高位，可以获得一部分外在力量，来支
持自己虚弱的人格，或者对另一方施加压力。比如来访者以受
害者姿态帮她集结了朋友、家人的支持，一来借他人之力对抗
痛苦，二来借舆论之力对抗老公。另一方面，受害者可以逃避成
长，因为成长意味着对自己负责，也意味着改变。"对自己负责"
需要把投射在外的无力感收拢回来，而"改变"则需要面对不确
定和失控的情绪。这对虚弱型人格的人而言，是一件既艰难又可
怕的事情，他们宁愿待在熟悉稳定的旧模式里，也不愿意去折腾
和冒险。把"锅"扔出去，自己保持无辜，就没有成长的责任了，
哪怕付出的代价是一直浸泡在痛苦里。受害者的原型是弱小的婴
儿，没有抵抗力，没有行动力，只会哭闹着求生存、求关照。

03
"吞掉你的命运"

回到那位女星。在她"五五开"的人生里，面对被老天眷

顾的种种，比如，美好的身体和面容，成为"星女郎"的幸运，事业的顺风顺水，一对可爱的龙凤胎，她从来都是当仁不让、极尽兴致的。这是她的高自我价值感：我值得一切美好。当然，她也经历了不少艰难坎坷的"狗血事件"：单亲家庭，因漂亮遭同学忌妒、排挤，十三岁就被迫打工养家，被出轨，被曝光隐私，离了两次婚，惹毛了男人。但她似乎也没受太大影响，将这些不幸照单全收之后，她继续肆意生长，在彪悍的人生里乘风破浪。"我一直都是高光时刻"，这种对命运吞吐自如的能力，成就了她的气场和格局，成就了一个"硬核"的女人。

相比之下，大部分人都活在一个"爽不透，又苦不得"的拧巴状态。她身上，也许能给我们带来一些启示：

第一，活在当下，而非幻想中。斯多葛主义的哲学主张：有好事发生，自然高兴，但不沉溺其中；有坏事出现，也坦然接受。以一定的抽离感审视自己的生活。"抽离感"是对抗焦虑的武器，而焦虑是分散注意力，将自己带离当下、陷入幻想的罪魁祸首。只有活在当下，安心去接纳和经历，命运才能真实流动起来。

第二，"行动力"。陷入痛苦之中，最快走出来的方法就是行动。先从力所能及的小目标开始，读书、运动、打扫房间、完成一件工作，哪怕是早早地睡个觉。随着状态的恢复，再着手处理复杂的问题。行动既可以增强掌控感，又能一点点为你带来真正的改变，它有一种积极的暗示：我正在变好。行动越早，痛苦越小，人生难题出现时，"干就完事了"。

第三，关注情绪。面对人生困局时，辨识和梳理情绪也很重要。比如，同样是被出轨，该女星说起前夫，仍是赞不绝口，"我和他的婚姻质量很高，该做的都做了，非常尽兴"。遭遇背叛，有怨恨、愤怒；而回忆过往，又有甜蜜、美好。如果这些情绪混在一起，是做不到爱恨分明的，只有将复杂的情绪拆解开来，才有更加成熟、智慧的心态去解局，放下该放下的，收藏该收藏的，而不是"同归于尽"。

每一种人生都有局限，有好也有坏，只有心平气和地迎接和经历每一种命运的人，才能将局限活得"充分"和"尽兴"。这种体验，比起充斥一生的纠结、踌躇、徘徊不前，显得弥足珍贵。让我们去吞噬命运，而非被命运吞噬。

高配得感的女生，
全场通赢

在一个名为"女明星毫无偶像包袱的瞬间"的讨论话题里，某女笑星的一个经典救场赫然入列。发布会现场，采访一度陷入沉默和尴尬，她站出来说："怎么都没有问题问我啊？我都不火成这样了吗？"一句话巧妙打破僵局，记者们爆笑，随即开始"刁钻"发问："你和某男星怎么回事？"她调侃："不可能，他不是我的菜，他可能是你的菜！"男记者打趣："你是我的菜！"她瞬间"女汉子"上身："那你别走，你多大了？"男记者："我比你小八岁。"她哈哈笑着，"内涵"了一把："小的绝对不行，各方面小的都不行！"她先把火力引向自己，一招化解现场尴尬，再靠幽默轻松"灭火"，行云流水，一气呵成，被网友赞为当之无愧的"名场面"。

说起这位女笑星，很多人的嘴角会禁不住上扬。她受欢迎到哪种程度呢？2019年豆瓣"最爱女明星 top20"的投票，她毫无悬念夺冠；作为 B 站响当当的"第一女主"，收割一众男神，被誉为"只有真正红过的男明星，才有机会和她组'CP'"；她的搭档曾这样评价她：她最大的优势是，男人都喜欢她，女人都不会忌妒她。

在这个百花争艳的娱乐圈里，相对来说她，身材偏胖且样貌也不是特别出众，那她究竟是凭什么成为"全民女神"的呢？

01
"胖"女人的悲哀

胖，几乎是所有女人的公敌。与它联系紧密的关键词是"一胖毁所有""丑""土""没人爱""没前途"。电影《瘦身男女》里，郑秀文饰演的角色因失恋患上暴食症，体重飙升至 235 斤，与从前身材窈窕的自己"胖若两人"，甚至在参加初恋的钢琴演出时，不小心摔倒在他面前，都没被认出来。她感觉人生一片黑暗，自卑之至，甚至企图自杀。

一个胖女人，对自己的攻击往往是毫不留情的，她不仅仅是痛恨脂肪，而且任恨意轻易地弥散至全身，乃至整个人生。抖音上有一个很火的减肥励志视频，博主生完孩子后，胖了 50 多斤，对自己厌恶至极，于是她开始记录每天的运动打卡，一边咬牙坚持平板支撑，一边配着旁白："每当我坚持不住的时候，就照着镜子，看看那个邋遢、油腻的自己，这样的你值得被爱吗？值得拥有美好吗？不，你什么都不配！你是一个 loser（失败者）！"她有点"把自己逼上绝路"的意思，她的行为和语言给出的暗示是：只能变瘦、变美，否则你就完蛋了。

由羞耻感和恐惧感生成的"狠劲"，可能有短时的爆发力，但付出的却是分裂的代价：一边沉溺于理想自我，一边踩低真实自我，结果自我接纳度和整合度越来越低。靠恐惧减下来的肥，只能在恐惧中维持，无法拥有太多自由和快乐。如果靠恐惧都没能减下来，又无法接纳自我，就只能把自己钉死在耻辱柱上，永世不得翻身。所以，绝大多数的胖子，都有着一个自卑而忧郁的灵魂，以及深深的不配得感。

但事实上，"胖"是有心理意义的，比如对父母保持忠诚。女笑星曾经也是一个清纯、苗条的美人，却在母亲意外离世后的几年里，胖了 40 斤。她把自己的遗憾和爱寄托在小品《你好，李焕英》中，感动了无数人，后来她还亲自操刀导演了同名电影，靠着真情实感，电影票房与口碑一骑绝尘，她也凭此影片跃居票房全球第一女导演。可见对母亲依恋之深。

她曾和姐姐说："我觉得妈妈走了，我这辈子都不会快乐，我这辈子的快乐都缺一角。"这缺失的一角，我猜测她可能是在用"胖"来弥补，因为只有从一个成年女人退行到一个胖嘟嘟的婴儿，才能与母亲继续保持连接。所以，即使有减肥成功的经历，在 100 天内瘦了 30 斤，被众人夸赞达到"颜值巅峰"，也很快反弹了回来，还比之前更胖。很多人减肥失败，也是如此，并非单纯的毅力不足，而是潜意识为了防御痛苦或弥补匮乏，而启动的"自愿发胖"策略。可惜，不懂得就无慈悲，人们总是对自己残忍又苛求。可这位女笑星不是。

02
"瑕疵"的另一面

女笑星曾在节目中表示：即使是平凡人，即使是像我这样又丑又胖的女孩子，也能散发属于自己的光芒。在与脂肪的相处中，她日渐安然和通透，发展出了难得的自洽，而这种状态也回报给了她一些新的东西。

一是"毫无攻击性"。知乎有个热门问题："如果该女笑星没这么胖，她还会火吗？"高赞回答是："不会，胖是她的人气基础。"很多人把她的受欢迎，归结于"她看上去毫无攻击性"，而这其中，"胖"发挥了很大的作用。从精神分析的角度，一个人若是潜意识中对父母保持忠诚，就会压抑自己的性魅力，用"胖"来掩饰成熟女人的身份，是最好的方式。恰因如此，她在女人堆里，几乎不会对同性造成压力，因而省去了吃醋和忌妒，而男人又特别容易关注和欣赏到她的敬业、幽默和好性格，相处合作起来轻松又愉快。比如，在一些综艺里，她与粉丝众多的男艺人拥抱、亲密，粉丝非但没有变成"柠檬精"，反而全是夸赞：如果没有她的神助攻，我偶像也不会表现得这么出色。这样一颗纯洁的"开心果"，谁不爱？

二是接纳力。自我接纳度高的人，因为足够善待那个"不那么好"的自己，投射给世界的恶意少，理解到的善意多，所以这位女笑星对胖基本是没有忌讳的。在春晚的表演中，她不仅不介意自己演"女汉子"，衬托搭档演的"女神"，还各种自我调侃："我没心没肺，一群男生前呼后拥，找我掰腕子。""男友陪我去吃饭，还没喂呢我吃完了。"不仅接得住自己，还能把这份同理心和包容心推己及人，去接住别人，于是才有那么多经典救场。有一次她的朋友被提问："你的嘴变小了，是不是整容了？"气氛陷入尴尬之际，她站出来说："你是不是说话收口音？就跟我有时候知道自己胖，一般都侧着站。"用"自黑梗"解围，相当于替别人承担火力，可见她的接纳力有多强。

三是接地气。所谓"接地气"，就是一定要把自己放在一个比较低的位置，和绝大多数人保持一致。作为一名喜剧演员，"胖"至少帮助她做了两层暗示：第一，我也是个外形一般的普通人，没有绝世容颜和身材；第二，我也是瘦不下来，管理不好身材的普通人，没有那股超凡的"狠劲"。这些都会让人产生天然的亲近感，和观众打成一片的人，自然会拥有观众基础。再加之胖胖的外形，本就比较讨喜，适合搞笑，她把"胖"的另一面发挥到了极致。

03
"扬长避短"的人生

凡事都有一体两面，这个道理同样适用于看待"瑕疵"和"局限"，可惜的是，大部分的人都被困在了"问题面"。

一个网友，性格内向，不善言辞，不爱社交，她认为这是种缺陷，不吃香、不讨喜，很难获得成就，于是一直致力于改变自己的性格。她看了很多书，参加了不少培训班，努力练习各种社交技能，强迫自己出入各种场合，可每一次都搞得自己身心俱疲，反而越发想要逃离人群。她对改造效果很不满意，深感挫败，郁郁寡欢。

实际上，性格内向的人，往往心思细腻、敏感，自省力、洞察力和思考力强，行事更加沉稳。这些特点成就了很多杰出的领导人和创作者，比如比尔·盖茨、巴菲特、斯皮尔伯格、村上春树等。女笑星的通透就在于，一方面，她在自身的局限中，充分挖掘和联结"资源面"，把"胖"的短板活成了优势；另一方面，她又牢牢把握着真正的长处，用超高的情商、真诚的性格和优秀的业务为自己赢得口碑。

将劣势转为优势，再叠加优势，按照"木桶原理"，这样将
"扬长避短"发挥到极致的人生，基本不会差。与"资源面"联
结有两个关键点。一是停止自我攻击，从情绪中抽离出来，看
见更多的可能性。比如前面提到的那位网友，如果她能停止与
"缺陷性格"较劲，通过各种途径更加全面、深入地了解和分析
自己，也许就会发现自己的性格优势。二是接纳不在预设中的
状态。很多减肥不成功的人，也无法心安理得地胖着，因为这
不符合理想自我。于是瘦不下来，又胖不敞亮，当下的自己怎
么都活不痛快。更多地关注真实自我的需求，而非执着于幻想，
灵活性也会得到增强。万一，老天就是想给你开另一扇窗呢？

　　每个人都有自己的局限，当必须与局限相处时，这位女笑
星也许可以带来一些启示：不要总是纠结你的短板阻碍了你什
么，多去想想它给你带来了什么，尝试去看见、去联结、去体
验它的"资源面"，没准就会有新的收获和突破。要知道，那些
能"将一手烂牌打出王炸"的人，都是资源整合、转化、利用
的高手。

用"野心"活出精彩

沉寂许久的某网红 A 在社交平台上晒出了两张健身照。照片里的她随意将头发束成丸子头，穿着紧身黑色背心和深色瑜伽裤，流畅紧实的身体曲线非常优美，一双修长的腿尤其引人注目。虽然没露正脸，但整个人透着一股蓬勃的力量，状态极佳。她很快上了热搜。

然而网友的评论却褒贬不一。一边是盛赞："这身材管理真是绝了！都是当妈的人了还是那么美！""一直都这么自律、优秀，佩服！""不愧是总裁看上的女人！"一边则是质疑："阔太太健身不是很常见的事吗？这热搜买得太尴尬了吧。""不保持身材和美貌，怕是会被男人抛弃吧。""这女人太有野心，功利心也强，越来越不喜欢她了。"

16 岁走红网络，18 岁考入清华，22 岁和总裁结婚，23 岁当妈妈，27 岁身价 584 亿，而在 2021 年"胡润全球富豪榜"上，她和她老公以 1880 亿的财富，位列全球富豪榜第 54 名，中国富豪榜第 18 位。一直以来，她异于常人的不仅是美貌，还有清醒的头脑和为人生谋篇布局的才能。仅仅 28 岁，她就已与丈夫并肩而立，登上全球富豪榜，成为最有钱的"90 后"。

也正因为如此，她成了一个备受争议的人物，"野心""心机重""手段多"等标签早已取代当初惊艳全网的"清纯可爱"，这位网红活成了很多人又羡慕、又厌恶的样子。女人一旦"有野心"，似乎就很难再"可爱"，极易遭人反感，就连曾经惹千万人喜爱的"网红妹妹"也难以幸免。这样的观念，其实是一种误解和偏见。

01
野心，是一种力量

《乘风破浪的姐姐》中，某位姐姐就是一个"有野心"的代表，她也因此承受了一整个夏天的非议。

　　节目一开始，其他姐姐都在巧妙地"露拙"，说"自己没准备好"，以此来降低观众的期望值，只有她坦诚地回答："我有为这个节目好好准备。"初上舞台，她直接拉满火力，为观众呈现了一场"炸裂式"的个人表演，斩获全场最高分，锋芒毕露。每次分组时，她很少流露情绪，始终保持理智，挑选对自己最有利的组合。为了取胜，她提议让一位没有乐器经验的队员短时间内速成贝斯，以达到最佳表演效果，"我可以，我相信你也可以"，她这句话给对方造成巨大压力，使对方直接崩溃流泪。她的"狼性"，在这场综艺节目里，被集中地呈现了出来，人气上来了，口碑却直线下滑。网友评论："她把'我要赢'写满了整张脸，太用力了，狼可以，但别表现出来，表现出来就让人讨厌。"言下之意就是，野心得藏好。

　　其实，野心是藏不住的。从精神分析的角度来说，野心代表着欲望和攻击性，是生命动力之一。有野心的人，往往有着很强的力量感，他们欲望强烈、目标明确且攻击性十足，非常明确地知道自己想要什么，并为此付诸行动。而这种生命动力释放的过程，往往也决定着一个人的生命品质。我们把视野范围拉大一点，会发现这位姐姐的"力量"充斥着她的人生。高中时，她自学考试科目，敲开中戏的大门；入学后她专业成绩不好，于是她每天早起练功，一个学期后扭转乾坤；中戏毕业，她拿着第一名的成绩考上北京人艺；出道以后即使不温不火，她也保持着专业上的精进，在《演员的诞生》中一鸣惊人，获得"新锐演员的诞生"奖。她曾说，她的"野心"不只是当好演员，她还要成为一名艺术家。

无论是网红 A 还是某姐姐，这种力量赋予她们披荆斩棘的能力，活出旺盛、舒展、不断向上的生命状态，但同时，也为人所忌惮、反感。因为，受传统文化影响，被束缚在"温良恭谦"中的女性，是不允许"有力量"的。对很多男性来说，女性独立自强一来损伤男性的自恋，感觉自己"不再被依附和崇拜"；二来威胁利益，女性一旦在家庭以外释放力量，意味着男性不仅多了"竞争者"，还少了"内务照料者"。而一部分女性在"男性凝视"中压抑自己的欲望，活成社会期待的样子，对这种力量既陌生又好奇，更多的是无法驾驭的恐惧感和挫败感。为了防御这种复杂而痛苦的情感，她们和那部分男性站在了一起，通过否定、贬低、围剿"有野心"的女人，来试图找回自己的存在感和价值感。于是，"有野心"的女人，变成了最不受欢迎的女人。

02
别被"功利心"带偏

"有野心"不受待见，还在于它常常与"不择手段"关联在一起。有野心的人，为了达到目的，似乎无所不用其极，不惜牺牲其他人的感受和利益。这种误解其实是混淆了"野心"和"功利心"："野心"是一种力量，它是中性的；"功利心"则更多呈现的是一种不健康的人格状态。

我们来看看另一位集野心和功利心于一身的网红 B。网红 B 靠着男友年入百万，却瞒着对方相亲，和富二代订婚，同时还出轨好几个男网友。野心不必多说，她的功利心表现在，身边的男人全部被物化，成了她随时利用和抛弃的"工具"。她无法把他人当成"完整的人"来看待，只看见他们身上可用的利益。也就是说，对于劈腿、出轨、背叛这些事情，她只会从中考虑自己获得了什么，而看不见他人的感受。这是一个可怕的状态，一方面对他人的"工具化"，会使自身失去对生命基本的敬畏和尊重，为达目的不断突破道德底线；另一方面，个体将无法与他人建立起真正的关系，最终会遭到反噬，成为没有灵魂的"工具人"，从而丧失生命的意义。

值得一提的是，"功利心"和"功利思维"又是有区别的：前者是一种被内化的、人格化的行为模式，在无意识中自动运作，而后者是一种可选择、能觉察的思维方式。我更愿意把"功利思维"称为"外挂思维"，即合理地挖掘和使用身边的资源，寻求他人的支援，建立社会支持体系，帮助自己更快、更好地实现目标。

回到网红 A，她就是一个"功利思维"的高手。先是充分利用"美貌资源"，成为网络第一红人，为自己赢得人气、热度和曝光率，打开了前途之门；再依靠家族背景和长远的格局、眼光，坚定选择了求学清华，在一流高等学府专心深造；接着，凭借名气、才华和人脉，获得与总裁相识相知的机会，成为商业大佬的夫人。很多人以为这就是网红 A 的目标，这远远低估了她的野心。结婚之后的网红 A，并未成为依附型的阔太，而是借着高阶的平台、多元的机会，开始了"野蛮式"成长：学习金融财务知识，参加英国皇室婚礼，与比尔·盖茨会谈，进军投资圈；参加 ELLE 风尚大典，与主编晓雪、超模刘雯、演员倪妮等一同出席，打进时尚圈；此外，她还结交了很多娱乐圈的好友。如果把她的野心解读为"成为一个独立、自信、强大的女人，可与强者比肩而立"，就不难理解她这一路来的步步为营。但这仅仅是有意识的"借力"，并非无意识的"工具化"，她释放野心的过程有底线、有原则，不以损害他人利益为代价，在老公经历事业危机之时，她更是表现出了扶助丈夫事业、与丈夫共渡难关的情义、勇气和魄力。

女人有野心并不可怕，关键在于，野心被什么人驾驭。

03
活出你的人生

当然，每个人都有自己的活法，但从网红 A 身上获得的启示，或许能帮助我们活出更好的人生。

第一，启动自我成长。首先是升级认知，将自己从对"野心"的敌意中解放出来，直面欲望，这是接纳自我生命力的第一步。之后，便是瞄准欲望，尝试去释放攻击性。这里的攻击性，是指象征层面的攻击性，即竞争，而欲望也应是正当、合理的欲望。比如，一个女人意识到自己想拥有更多财富，她有两种办法：一种是将这种欲望投射出去，埋怨老公不会赚钱，或者鞭策他赚更多钱。还有一种，是自己去创造。前者是"野心"的压抑和转嫁，后者则是对"野心"的正视。她开始挖掘自己的优势，抓住短视频风口，做成小有名气的博主，并达成可观的变现，她的成就超越了很多同龄人、同行，这就是竞争，也是攻击性的表达。这个过程中，她的潜能和活力得到充分释放，实现了财富积累，整个生命品质大幅提升，与从前自卑、怯懦的她判若两人。

第二，学会使用"外挂"。很多人不擅长使用资源、寻求帮助，一种原因可能是个体本身混淆了"功利心"和"功利思维"，对"利用他人"有负罪感，另外就是对世界缺乏基本的信任感和安全感。"别人都是靠不住的，凡事只能靠自己"，这样的人几乎一直在单打独斗，活得很辛苦，而且"成事"的效率比较低。但人不是全能的，一个好的"外挂系统"能够快速补齐自身短板、弥补自己的局限，让目标事半功倍地达成。而你也会成为别人"外挂系统"中的一员，互相源源不断地输送能量，彼此支持着度过脆弱的时刻。这种美妙的联结能让你活在关系之中，更有力量去应对世界的不确定性和风险。

请纵情而活，收获想要的人生。

Chapter 3

热爱是联结自我与世界的通道：
拓宽生命的时空和层次

保持热爱，才能奔赴
星辰大海

01
"90后"的鲜活人生

2021年5月22日，袁隆平逝世，举国哀恸。这位自称为"90后"的无双国士，一生满怀热忱，投身杂交水稻的研究，帮助中国人摆脱了对饥饿的恐惧，也因此成为国民认可度最高的大科学家，得到无数人的崇敬和爱戴。除了他的伟大功勋备受世人缅怀，他本人那股贯穿生命始终的野心和"精气神"，也令人备受鼓舞。

在一场关于中国梦的演讲中，袁隆平描述了那个现已被大家熟知的"禾下乘凉梦"：到了夕阳西下的时候，我就跟我几个助手在稻穗下乘凉，我但愿早日能够实现亩产 1000 公斤，甚至向更高的产量——像我们年轻人啊，向更高的产量奋斗，圆了我这个"禾下乘凉梦"。彼时他已经 80 多岁了，身体正在衰老，且有些抱恙，但依然挡不住他眼里的激情与光芒，他一口气脱稿演讲了 20 分钟。即使到了暮年，他依然不停地向超级稻发起攻关，追求高产再高产，"我现在还是老骥伏枥，我还是想攀高峰，更攀高峰"。

袁老不但对水稻事业怀有巨大的热爱，他还是个特别热爱生活的人。他会站在麦浪中拉小提琴，思念母亲；爱打麻将，总是输，一输就往桌子底下钻；他专门从广西引进了一种适合老年人打的气排球，球瘾很大，得空就拉着爱人陪打；在美国指导杂交水稻时学会了踢踏舞，80 多岁依然跳得生机勃勃。而且，他游泳也游得好，年轻时差一点成为专业游泳运动员，下棋、唱歌也是信手拈来。在一个视频里，正参观南繁科研育种基地的袁隆平，看见一群游弋在水面的白鸭，他充满欣喜地反复感叹"鸭子好漂亮啊"，突然他身子一倾，学着鸭子"嘎嘎嘎"地叫着，快乐得像个孩子。

有网友在评论里感慨：一位暮年老人，还拥有一个蓬勃、可爱、有趣的灵魂，可为什么包括我在内的大部分人，都活得疲惫不堪、死气沉沉呢？用"唯热爱可抵岁月漫长"这句话来解释这个问题，我想再合适不过了。可遗憾的是，现在热爱生活的人，越来越少了。

02
苍白的生命

热爱，是我们与事物之间的一种关系，也是生命力释放的一个过程。缺少热爱的症状之一，是生命力的单薄与枯竭，也就是所谓的"空心化"。

我曾看到这样一个视频：一个年轻人，早上浑浑噩噩地到公司打卡上班，两眼无神地盯着电脑机械性地忙碌一会儿，趁机和周围的同事聊聊天，刷刷手机。下班回家，径自"葛优躺"在沙发上，点的外卖散落一桌，打着游戏，刷着剧，然后沉沉睡去。周末加完班，回到家继续无所事事地打游戏、刷剧，他的理想是"事少、钱多、离家近"，兴趣爱好一栏是"躺平"。屏幕文案是"当代年轻人现状"。这个视频得到了很多共鸣，很多网友表示"简直在偷窥我的生活"。

这样的生活方式原本无可厚非，但问题是，很多人在这种生活方式里，越来越迷茫和焦虑。在 2021 年年初发布的一份名为《2020 大众心理健康洞察报告》中，受访的 4 万多名青年人里，近 82% 的人有焦虑、抑郁等情绪困扰，约 51% 的人正在经历"无意义感"，还有 60% 的人表示"不想工作, 只想躺平"。一个根本的原因便是：由于缺乏"热爱"，无力与某件事物之间发生饱满而深刻的联结，力比多向外投注受阻，无法完成升华，转而向内纠缠和堆砌，引发各种心理困境。

被抑制的力比多，也意味着萎缩的生命力。一方面，我们无法享受力比多尽情释放的快感；另一方面，我们也无法从与外界的联结中获得愉悦和滋养的体验，把自己活成了一个个脆弱苍白的"孤独体"。况且，这种与世界的互动模式，会被无意识地平移至与人的交往中。我们可以猜测，当一个人对世界缺少热爱，他可能也不会那么爱自己和别人，整体呈现出来的就是一个干枯的、无趣的、僵硬的状态。

在《圆桌派》里，几个嘉宾曾经专门就"空心化"展开过探讨，得出的结论是：年轻人缺乏可以支撑生命的爱好。还举了一个"文革"时期被批斗的教授的例子，他在自己所热爱的古典音乐的陪伴之下，平静地度过了那段艰难的时光。即使是在生命最黑暗的日子里，因为心有热爱，生命力依然奔流不息。而很多迷茫的当代人，既不爱工作，也无其他兴致，更多的是在靠一些肤浅的"沉迷"打发时间和生命，这也成了当今社会抑郁频发的原因之一。

03
失联的自我

缺少热爱的症状之二，是失去与"真我"的联结，匮乏而虚弱。在一项社会调查里，人们提到自己没有兴趣爱好的原因，80% 是因为"没钱也没闲"。我想到自己的一个朋友，她曾经是个多才多艺、灵气逼人的姑娘，琴棋书画样样精通，个性也很突出，读书时爱慕者众多。我们最近一次见面，是在她生完二胎刚刚返回单位上班的时候。她请我吃饭，对面的她颇为消瘦，神色憔悴、满眼疲倦，早已不见了曾经的光芒。我询问她的近况，

她自我调侃"就是一个连轴转的工具人罢了"。谈及曾经的那些
爱好和特长，她有些无奈地摇头："早就废了，哪还有时间和心
思搞那些，工作、家庭、育儿哪一样不是压力巨大，每天有 10
分钟属于自己的时间，我就很知足了。"

　　"热爱"是自我的一部分，是自我的延伸和表达，从某种意
义上，也是"真我"刷存在感的一种方式。我们知道，一个健康
的人格，是整合了虚假自体和真实自体的。虚假自体俗称"戴面
具"，功能是"顺从"，帮助个体更好地适应环境；而真实自体是
自发地表达和呈现自己的真实状态，功能是"忠诚"，让个体感
受到完整、力量与和谐。我的这位朋友，恰好代表了当代人的另
一个困境：在社会与生活压力的包裹之下，"戴面具"的时候越
来越多，"真我"存在和表达的空间越来越少，直至彻底失联。

　　持续地被忽视、被挤压带来的后果，就是来自"真我"的
反抗——让人颓废、消极、沮丧。你觉得所做的一切都没有价值、
没有意义，活着如同行尸走肉，可偏偏又脆弱无比，冲突无穷。
一位青年水墨画家曾这样说：无论世界如何纷扰繁复，只要躲进
水墨画里，我就会忘却一切烦恼，安住在眼前的一笔一画中，让
它庇护我、疗愈我，使我获得力量。"避难所"之所以神奇，是

因为它为个体保留了一个"空间"，能让人在这里安心踏实地拥抱真实的自己。当你越专注地投入热爱之中，与当下和真我的联结就越紧密，平和与真实，足以创造一个快乐星球。幸福指数高的人，在工作和生活里，都能找到这样的空间，正如袁隆平院士那样。

可惜，拥有这种幸福的人并不多。一部分人找不到兴趣，一部分人被迫放弃了爱好，还有一部分人，虽然拥有各种才艺或特长，却只是沦为虚假自体迎合他人或服从环境的工具。这些，都不算热爱。

04
狭隘的时空

正如前面所说，热爱是联结自我与世界的通道，所热爱之事能拓宽生命的时空和层次，让人在其中感受生命本来的样子。而缺少热爱的症状之三，就是将自己限制在狭窄的、世俗的范围之内，极易发生"价值条件化"，以社会标准和评价来进行自我定义，迷失在内卷大军之中。

北大一位"90后"数学系助理教授曾经爆红网络。在采访视频里，他手提一瓶矿泉水，3 个馒头，话也不多，曾被"不明真相"的网友调侃为"路人"。可实际上，他 15 岁拿下 IMO（国际奥林匹克数学竞赛）金奖，18 岁保送北大，在国内最高水平的数学竞赛"丘成桐大学生数学竞赛"上，他个人获得了 4 个金牌，是当之无愧的数学奇才。

在他身上，看不到物质焦虑——在北京，他 1 个月的生活费甚至不超过 300 元，出于环保，他住着毛坯房，生活随意，不讲究吃穿，喝矿泉水和吃馒头是常态，即使他并不缺钱；看不到名利焦虑——他的很多奖项别人都不知道，他经常用书包把奖杯、证书背回家，然后随意放着，毫不在意。麻省理工等世界名校纷纷抛来橄榄枝，均被他一一拒绝。除了查资料，他几乎不上网、不看电视，也没有微信，但只要聊起数学，他就两眼放光，一如我们在视频里看到的他，沉浸在数学世界里，快乐得手舞足蹈。

快乐源于生命深层次的体验，在这种体验中，他能够感知到生命原本就有的存在和价值，即"我爱，故我在"。这是一个完全独立于"社会价值"的体系，与功利相剥离，即使没有任何一个社会标签，也能获得纯粹而笃定的自我价值感。很多网友感慨这位数学天才境界高，确实如此，拥有深切热爱的人，生命时空广阔，精神世界丰富，总给人一种超脱之感。而大部分人，既为内卷所困，又无法停止对名利的追逐，在功利化的纠缠之中，一点一滴耗尽早已坍塌的生命。

袁隆平院士曾寄语年轻人：人就像一粒种子，要做一粒好种子。这个"好"，不仅指身体和事业，也包括精神和情感。他希望年轻人拥有理想和热爱，以及饱满的生命力。尝试去寻找热爱，或者重拾热爱吧，努力长成这样一颗"好种子"，或许，这也是对袁院士最好的缅怀方式之一。

你才是人生的价值之源，
别被职场 PUA① 毁掉了大好前途

01
精通 PUA 术之人

　　我曾经的单位有一个女领导，总是能在办公室听见她毫不留情地辱骂下属的声音："这么点事做成这样，你是猪脑子吗？""你知不知道，你能在这里工作，是多大的福气！""你再这副扶不起的草包样子，就给我滚！"她还特别喜欢搞团建，

---

① PUA，Pick-up Artist，原意指搭讪艺术家，现指个体用语言、行动等打击对方，迫使对方陷入崩溃状态的负面社交行为。——编者注

听说她常常在饭桌上给大家画大饼、戴高帽、诉"衷肠"。实际上，她才完成晋升没多久，现在的下属都是她曾经的"亲密战友"，以至于大家对她的判若两人极难适应：升职之前挺正常的，看不出来是个女魔头。

职场 PUA 的本质是"精神操控"，也就是说在职场里，领导通过打压、洗脑等一系列方式，达到从精神上驾驭员工的目的。一般有三大"技法"：第一，灌输观点，让人失去判断；第二，不断打击，让人失去自信；第三，精神加压，让人心怀感恩；第四，全面否定，让人一无是处。职场 PUA 非常残酷，被 PUA 的员工由于精神内核被"裂解"，往往变得自卑、敏感、自我怀疑，难以有创造力和发展力，甚至难以胜任基本工作，严重者可能还会出现抑郁和轻生的情况。而且职场 PUA 非常普遍，大部分"打工人"可能都经历过。

一个真相是，所有的控制，都是对内心失控的防御。也就是说，当领导使用"PUA"时，他的心理正处于一种混乱失序的虚弱状态，为了防御这种虚弱，他就要投射出去，让下属来承接虚弱，以增强他们作为"权威者"的力量。比如这位女领导，由于前领导突然离职，而项目又恰逢关键期，她临时被赋予重任，一下子比大家高出一级。而此时她的内心力量还不足以驾驭这个"高一级"的状态，她不知道如何管理团队，也不知道如何树立权威，带领团队完成任务。在这种失控且无力的情况之下，她只能通过打压和操控别人，来增加自身的控制感和力量感。后来，随着她逐渐适应和成为一个成熟的领导，以上现象几乎完全消失。这种"职场 PUA"和领导的心理状态相关，属于一种过渡性的手段，有对象具体化、时间阶段化的特点。

可是，当"虚弱"发生在人格层面的时候，"PUA"可能会成为一种固化的互动模式，他需要持续地将这种虚弱投射出去，来获得基本的安全感和存在感。也就是说，除非一切都被他控制，否则他脆弱的自我核心将发生崩解，陷入巨大的恐惧与焦虑之中。我们姑且把这种人格称为"PUA 型人格"或"控制型人格"。这种人 PUA 的对象，不仅仅是下属，还有可能是伴侣、孩子或者其他一切可以被操控的人。

有些领导喜欢把"驭人之术"称为"管理"，其实是为自己不那么健全的人格拉了一块遮羞布。管理的本质是基于尊重员工个人价值之上的统筹与协调，而不是把下属变为一颗任自己摆布的"棋子"。

02
受伤之人

天下职场苦"PUA"久矣。根据一项媒体调查，面对职场PUA，66.42%的人选择逃离，33.37%的人选择向上级表达不满或在社交媒体爆料，但也有超过44%的人选择默默忍受。而被"PUA成功"的人，大部分就出自"默默忍受"的这部分人。之前有一则某银行员工跳楼事件：由于支行行长给该员工安排了许多无法完成的项目，使其工作压力巨大，长时间无法缓解，他最终抛下年迈的父母和年幼的孩子，以惨烈的方式离开了这个世界。从他妻子的描述中，最后一个月，他说的最多的就是"手上项目太多了怎么办""这个项目就是做不成啊怎么办""可是领导提拔我就是做这个项目呀，我怎么会不行"。在这种焦灼之中，他出现了严重的自我怀疑，到最后成了"是我能力问题，我觉得我什么都不行，我智商太低了，我情商太低了，是我的原因"。一个本硕毕业于厦门大学的优秀人才，家庭美满、事业初成，精神却几乎被完全摧毁，对自己充满负性认知，这是被职场PUA的"典型症状"。

容易"中招"的人，往往有如下特点：第一，核心自我不稳定，易受外界评价影响。他们的虚假自体在人格中占据较大比重，而虚假自体的特点之一，就是脆弱。也就是说，这类人通常戴着"面具"，对真实的自己了解甚少，无法建立清晰的自我认知，缺少自我评价体系，完全通过别人眼中的"好坏"来判断自己的"优劣"。一位网友补充：某银行的领导持续洗脑，让员工内心对自己只有否定，觉得自己没有能力，离开某银行人生就没有希望了。正是因为没能建立真实而稳固的核心自我，才容易被"洗脑"，从而失去判断力和价值感，成为 PUA 的对象。第二，对自己要求严苛，擅长自我攻击。人不会被他人的言语攻击伤害，除非内心早已有此创伤。上述案例中的不幸员工，在遇到领导设置的不可能完成的任务时，自我攻击来得持久而猛烈，"我怎么会不行""是我能力问题""我什么都不行"，员工沉浸其中无法自拔。于是，当领导对他进行贬损的时候，可能只是一个眼神，他就自动认同了对方的攻击，深陷创口被揭开的痛苦之中。第三，心里住着"PUA"的原型。如果成长在充满打压、质疑和否定的环境中，孩子将内化这样的互动模式，在强迫性重复之中不断去还原类似的关系，所以他们长大后，被伴侣、被领导 PUA 的概率会很高。而且，这类 PUA 式的父母原型，也是造成孩子核心自我脆弱、自我攻击性强的根本原因。

03
避免 PUA 之苦

在职场中，还有另一类人，似乎与 PUA 之间有着天然的屏障，我也总结了一下他们的特点。

第一，拥有自我评价体系。当工作上遭遇挫折，而领导又予以打击时，自我评价功能好的人，有力量跳出他人的评价体系，对自己做出客观、理性的分析和评判。"这项工作不尽如人意，可能是我在项目统筹方面的能力还不够，但是从创新的角度，我的表现还是不错的。另外，项目难度大，需要一个调试过程，也是成长的空间，我会持续进步，但如果领导无法接受这个过渡，说明我们当前确实无法匹配。"对真实的自己有着清晰的认知和接纳，给予自我充分的支持，不活在他人的幻想和期待中，也不轻易被负面评价干扰，是避免被精神操控的第一步。

第二，能够准确辨别"对事"和"对人"。当领导的批评训导偏离事情本身，进入"人格攻击"层面时，有能力选择合适的时机与领导交涉。比如，在那位新晋升的女领导团队里，有一个同事与其他人不同。在一次经历女领导的"暴怒"之后，这个同事给她发了则消息：工作上您的指导意见能让我产出更好的 KPI（关键业绩指标），我虚心接受并对您充满感谢，但针对我个人的负面评价，我觉得不合适，也感觉不舒服。我尊重您，也希望以后您能够更尊重员工的感受。

同事的这句话不仅保护了自己，还提醒了女领导，成为她向成熟领导转变的关键转折点。当然，对于"PUA 型人格"的领导，这种方式可能是行不通的，此时就需要果断离开。

第三，随时离开的能力。如果评估领导本身存在比较严重的人格问题，而自己暂时又缺少资源对抗，离开就是最负责的态度。对于一个没意愿也没能力帮助下属成长的领导，即使工作本身的条件再诱人，可能也无法支持自己的发展。有一句话：好的关系，是彼此在成就对方。这句话也同样适用于职场关系。工作是用来自我发展，而非自我毁灭的，永远记住，你才是人生的价值之源，别把命运轻易交给别人。

你的自我价值决定了关系的质量

————

　　你是一个怕麻烦别人，也怕被别人麻烦的人吗？如果是，综艺节目《五十公里桃花坞》中明星们的一番对话，可算是说出了"怕麻烦型人格"的心声。事情的起因是坞长想把大家的作品做成雕塑，放在桃花坞里，于是走到客厅邀请明星 A 帮忙，明星 A 有点勉强地回答"你挑了一个最不像能干活的男生"，婉拒了他。好在后来其他人帮坞长一起搬东西才避免了尴尬。随后明星 A 便和明星 B 开始了探讨。明星 A 总结道："就说你那朋友平时跟你没什么交集，有事就找你过来帮忙，找你你去不去，是不是这个问题。"明星 B 深表赞同："就像那个共享单车似的，每天停在那儿，有个码等别人扫。"明星 A 乐了，自嘲地打趣道："咱俩就天天路边一蹲，就

弄个小木板，插马路牙子那儿，然后……"明星 B 接口："等活儿，
谁用咱们就给整过去。"明星 A 说："咱俩处事的哲学很像，就是
我不麻烦你，请你也别麻烦我。"由于这一事件引起广泛热议，很
快，关于"成年人社交潜规则"的话题便上了热搜。

　　"怕麻烦型人格"的人其实不一定怕麻烦，对待工作和生活
可以表现得既用心又有耐心，这类人有可能真正害怕的是人际
关系本身。人际关系至少由两个人组成，除了自己，还有一个
变量的存在，正是这个变量，让人感觉不可控，而随时可能失
控的焦虑，就是让人恐惧的根源。所以，"成年人社交潜规则"
的炮制，隐藏着这么一个需求：通过规则的约束，将不可控变
为可控，以减轻自己的关系焦虑。但一些基于自我防御而产生
的"规则"，很可能会增加人际关系中的麻烦。我想和大家从心
理学的角度，来聊一聊三种容易发生"反噬"的潜规则。

01
"我不麻烦你，你也别麻烦我"

　　朋友曾经也是个"怕麻烦型人格"。单身的她进入一家新公

司后，习惯性地和新同事保持着距离，极少打扰别人。由于总是形单影只，同事们也感觉她有些孤僻和清高，除正常工作之外很少与她有交集，她一度很难融入新集体。

梅琳达·盖茨曾说："人生的意义，就在于与人建立连接。"人本存在主义认为，人的生命将不可避免地存在孤独，但由"连接"构建出来的意义，足以抵消一部分孤独，这也是人类社会属性的本源。没有人能在绝对的孤独中存活，无人之境即绝境。"怕麻烦型人格"抵触的，也并非全部关系，而是自己无法掌控的关系。很多时候，他们都会有两个顾虑：一是害怕被拒绝。在早年的成长经历中，他们可能有过被拒绝的创伤，挫伤了自恋，让他们感觉自己是不好的、不重要的、不配被爱的，在关系里无法获得满足，只能成为负担。为了防止勾连创伤，他们选择"不求助"。二是害怕被依赖。正因为对"被拒绝"有恐惧，才很容易把这个恐惧投射出去，认为别人也同样害怕被拒绝，所以这类人往往无法拒绝别人，成为被人无底线求助和依赖的"有求必应先生"，最终沦为"共享单车"，透支着自己的时间和精力，也加剧了低自我价值感。所以，他们只能通过回避建立关系，从而减轻这个烦恼。但同时，他们也陷入了社交被动，不能很

好地开拓新的关系和适应环境，与人群断开连接的孤僻和不安
全感如影随形。无论明星 A、明星 B，还是曾经的朋友，私下
都显得有些孤独而落寞。

都说真正的高手擅长麻烦别人。本质在于，他们利用"互相麻
烦"，去建立和加固人与人之间的连接，编织自己的人际网络。回
到我朋友的故事，一次她和搬家公司通电话，恰巧被组长听到了，
组长热心地问她是否需要帮忙。她赶紧摇头婉拒，说不麻烦，自己
能搞定，但是周末搬家时，组长还是来了，她只能硬着头皮接受帮忙。
那天搬完家，她想请组长吃饭以表达感谢，尽快还了这个人情，但
组长借口有事先走了，只是麻烦她帮小组同事带一份附近很有名的
生煎。第二天，她带着生煎和小组同事共进早餐，一来二去，跟大
家都熟络起来，她很快融入了新公司。她到现在都记得组长那句话：
"关系就是在互相麻烦中建立起来的。"这是一个转折点。

"互相麻烦"的核心有两点：一是有尺度。视自己和他人的关
系程度去"麻烦"，同时也要接受被拒绝的可能，被拒绝的只是事
情本身，不将其等同于人和关系。二是敢拒绝。当对方的要求超
出自己愿意承受的限度时，有拒绝他人的能力，这也是避免关系"失
控"的关键。以上这些，希望对调节"怕麻烦型人格"有些帮助。

02
"我对你好，你就该对我好"

再来看第二个，"我对你好，你就该对我好"。这个充满着"礼尚往来"意味的潜规则，可能是很多人的处世逻辑。这一潜规则一旦被打破，往往伴随着关系的瓦解。

一个女孩，由于人际关系问题，申请调换到一个新部门。她竭尽全力对每一个人好，帮同事加班、干杂活、用心记住大家的生日，还经常私下里帮人跑跑腿、接接娃。但即便如此，她依然感觉不被喜欢和重视，生日无人问津，试用期转正也没人来祝贺。大家似乎一边享受她的好，一边无视她的存在。这勾起了她上一段工作经历里的痛苦：她和一位同事关系不错，对同事也是掏心掏肺的好，却总是得不到对等的待遇。她陷入了巨大的失落和愤怒之中，无法再与那位同事正常沟通和工作，于是她提出了换部门。可是到了新部门，一切似乎又重新上演。

这个女孩的观念就是典型的"我对你好，你就该对我好"，这种逻辑在各种人际交往中随处可见：朋友之间，我记挂你，你就该记挂我；伴侣之间，我爱你，你就该爱我，否则就是你忘恩负义、冷漠无情。仔细辨别会发现，这种主动的付出甚至"讨好"，其实是一种控制，通过"我对你好"去控制"你对我好"。也可以理解为，通过"付出"在强行"索取"。而其行为本身，也带着一种自我否定的倾向：除非先付出，否则我没有能力获得关系。"你来我往"本是人之常情，但很少有人发现，这是一个"并列关系"，而非"因果关系"。

也就是说，我是否对别人好和别人是否对我好，是基于两个独立主体的自由选择，是两码事。所以，我"来"，你却并没有选择"往"，也是正常的。可这对上述的那类人而言，一方面意味着失控，一方面意味着自恋挫伤——连付出都没办法获得关系，我真糟糕，继而陷入全面崩溃，关系也岌岌可危。

两个小贴士，分享给有困扰的小伙伴：一是放弃控制别人的幻想，只做好自己的选择。愿意对别人好，是你自己的事，人家有没有回应，如何回应，是他的事，但你可以基于他的回应，选择如何处理这段关系。比如，感觉付出没有得到回报，可以停止付出，也可以终止这段关系，而不是因为"得不到"给对方施加压力或在内心持续痛苦纠结。二是搞明白关系的本质是靠"吸引"，而非"讨好"。你的自我价值决定了关系的质量，在"以组织利益为先"的职场上更是如此，有实力才有魅力。

03
"如果你不喜欢一个人，就远离他"

这条规则本身没问题，"趋利避害"本就是人的天性，及时在关系里断舍离，也是爱自己的一种表现，但有时候未必能如愿。

一个来访者，特别讨厌爱撒娇的女人，觉得她们"做作""恶心""绿茶"，可偏偏身边总会出现这样的人，令她无所适从。张德芬老师说过一句很有名的话：亲爱的，外面没有别人，只有你自己。当你无缘无故强烈地讨厌一个人时，可能是因为你和他产生了"同频共振"。"讨厌"是一种很强的力比多投注，引起强烈反应的原因，可能是你所憎恨的特质，恰好是你身上有，却无法被自己承认和接纳的，于是你将这些特质分裂和投射出去，借由别人来表达情绪。来访者一开始无法理解，认为自己是个"女汉子"，直来直往，不可能有"爱撒娇"的特质。但在咨询师的启发下，来访者突然想起，自己确实私下和朋友提过，如果自己能够性格柔软一些，也许婚姻会更幸福。这时，她才觉察到，自己所讨厌的"爱撒娇"与所渴望的"性格柔软"源自同一特质，但由于早年的创伤导致自己不能撒娇，因而对"撒娇"充满憎恨，并赋予其"做作""恶心"等一系列的贬义。"憎恨"导致个体无法自我接纳，不接纳则启动分裂的防御机制，将"坏"的自己切割、屏蔽、抛弃，这部分特质无法被识别和释放，于是挖潜受限。当看见别人自如地展示该特质时，个体就容易被激起"厌恶 + 嫉妒"的双重情绪困境。在咨询师的启发之下，来访者看见了自己的局限，走上了自我成长的道路，她开始更了解自己，也更包容别人。

当生命中出现一些"不喜欢"的人，而自己的力量又不足以观照与转圜时，其实远离是明智的选择。但若无法远离，不妨将其当作一个成长机会，去做一些自我探索和整合。当然，自我整合的过程是艰难的，像来访者一样找到专业人士陪伴和赋能或许是个不错的选择，去遇见更完整的自己，也是一件很有成就感的事情。阿德勒认为，一切烦恼都来自人际关系，可见关系是复杂的。所谓的"社交潜规则"并不一定是行为准则，反而可能是一碗毒鸡汤，还是要细细思辨为妙。

无论外界如何动荡，
你要找回内心的安定

———

01
"35 岁，我失业了"

前不久，朋友 A 找到我，说她失业了，想看看我这边有没有合适的工作机会推荐。我的这位朋友，今年 35 岁，985 名牌大学研究生毕业，性格干练、能力出众，之前在一家大型互联网企业工作，是一个项目组的小 leader（领导），同时也是有两个孩子的宝妈。由于经济不景气，公司大规模裁员，而她所在的业务组刚好在其中。就这样，本是职场精英的她，一夜之间丢了工作，然而这并不是真正令她焦虑的。"我已经托了不少朋友帮我引荐或内推过工作机会，有些面试过程很顺利，却没下文，很多连面试的机会都没有""简历挂在网上，基本无人问津，偶尔有猎头来找，聊到年龄的问题，也都表示遗憾和无奈"。

"一位 HR 朋友私下告诉我，公司要求候选人年龄不超过 35 岁。而中年女性社会角色太多，对工作的投入程度不高，搞不来'996''007'，卷不过年轻人，加上现在放开三胎，企业的顾虑更多了。"她说到这里，眼神一下就黯淡了下去，脸色苍白地说了一句，"真没想到，有一天我会沦落到失业。"少了一方经济来源，沉重的房贷、车贷压力，赡养老人、抚养小孩的巨大开销全都落在了她老公一个人身上。"短时间撑一撑可以，但按照这个趋势，我还找得到工作吗？如果找不到工作，我以后能去干点啥？两个月了，整晚睡不着，头发大把大把地掉。"

作为同龄人，我非常理解她的处境。中年女性的焦虑，可能来自职场：被花式淘汰、被裁员、找工作难……职业生涯被拦腰截断，前路茫茫。但远远不只职场，还有一地鸡毛的生活、焦头烂额的育儿生活、如履薄冰的关系……像一只高速运转的空心陀螺，有着数不尽的疲累，也越发迷失自我。似乎一夜之间，女性的中年危机降临了。

02
兵荒马乱的根源

这个"危机"是多方面综合作用的结果，也成为大多数中年女性必经的"一道坎"。首先是社会层面的压力，广受热议的"35 岁现象"并非刻意制造焦虑。一项人才市场调查发现，近百家招聘单位中，有 81% 的公司明确要求应聘者年龄在 35 岁以下，就连体制内的公务员或事业单位招聘也同样划定了"35 岁生死线"。我理解这个现象背后的基本逻辑是：社会假定 35 岁为分水岭，要求在此之前职业上应当有所发展、积累和成就，也就是说，35 岁之前应当已经完成赛道的升级，比如晋升中高层或创业，若还是留在拼精力、体力、时间和速度的初级赛道上，很难与年轻人"厮杀"。

先不论这种逻辑是否合理，却是当前真实存在的。而可惜的是，有清晰职业规划的人不多，高级赛道的入场券也不多，即使疯狂内卷，也只有少数实力和幸运并存的人能够顺利晋级。而对很多女性来说，还要被婚姻、家庭和孩子分走一大部分的时间和精力，受传统观念影响，职场可能也并未被其视为"人生主战场"，晋级难上加难。也正因为如此，职场对女性并非特别宽容和友好，叠加上"35 岁现象"，不少中年女性都正在经历艰难的职业困境。

其次是家庭层面的压力。除了职业角色，中年女性大多还是妻子、母亲、女儿、儿媳妇。告别了外面的"大江湖"，在家庭这个"小江湖"里，处理各种关系的复杂程度也不低。多重身份交织成一个"强付出"的状态：养老、育小、相夫、持家，每一个身份都需要经营，算得上一场巨大的消耗战。当被外部需求填满和瓜分的时候，人很容易成为一台失去自我的"机器"，此时也是个人魅力衰减严重的时候，如果再碰上一个不怎么给力的队友，不仅无法得到足够的支持，还可能被频频亮红灯的婚姻深深困扰和伤害。

在"内忧外患"的动荡之下，生存危机和情感危机全面爆发，世界开始混乱和失控，不确定性增加，被剥夺感前所未有地强烈。与之相对的，中年女性的内心开始失序，安全感、稳定感、自主感和自我认同感逐一被瓦解，整个人被焦虑和恐惧充满。如同我朋友所说："从未觉得自己如此糟糕，像朵没有根的浮萍。每天早上起床，我都很恍惚，镜子里这个苍老颓废的，还是我吗？"

03
一些"救命稻草"

在焦虑的支配下，一些中年女性可能会积极展开"自救"，主要有两种方式。第一种是寻找更稳定的职业，来缓解"生存焦虑"。前不久落下帷幕的 2022 年国家公务员考试，报名人数突破了 200 万，除了应届生这波主力军，中年女性这个群体所占比例也不小。

我的一个中学同学，就是其中之一。她原本是二线城市一家银行的柜员，每天朝九晚五，一直还算安逸，但是进入 30 岁之后，她突然感觉到强烈的不安：一方面，工作得不到拓展和晋升；一方面，身后等着替代她的年轻人已排起了长队。惶恐之中她开始疯狂考编，4 年来任何一场考试都不错过，白天上班，晚上带娃，只能等娃睡着之后挤时间备考，常常熬到凌晨两三点，报班和买资料花的钱已经好几万。用她自己的话说："这些年飞快地憔悴和衰老，但比起可能山穷水尽的'中年危机'，这不算什么。"

"年少不知体制香""宇宙尽头是考编"，而到了中年才惊觉，稳定压倒一切，纷纷转而投奔考编。这个策略不能说不正确，它的问题在于：为了防御焦虑而被迫选择的策略，一定会有新的焦虑产生。因为它服从的是本能，而非内心真正所爱。不被热爱的工作是无法滋养人的，加之体制内有它的局限，例如限制多、自由少，也非常考验人情世故，并非适合每一个人，尤其是已经定型的中年人。更何况，进体制内筛选严格，对大部分人而言，都有一条漫长艰辛的考编路要走，已经超负荷的中年女性可能因此产生更多压力和烦恼。

第二种是寻找更"理想"的对象，来缓解"情感危机"。据不完全统计，早在 2010 年，中国已婚女性的出轨率就达到了40%，如果算上精神出轨，这个比例会更高。其中一个很主要的原因是：只有在情人那里，才能获得足够的情绪价值和情感连接，抛弃柴米油盐，从"机器"变回"女人"，修补受伤的自恋，重新找回自信和魅力。然而这个策略的弊端更加明显：不仅引发强烈的道德焦虑，而且由于会对婚姻和家庭造成威胁，内心的不确定感会被进一步放大。出轨能给予个体短暂的精神慰藉，却也可能引发更大的人生危机，即便因此换一个对象，在进入无滤镜的"现实模式"之后，新的"兵荒马乱"还会卷土重来。

04
明天会好吗？

前不久，中青报呼吁"打破 35 岁现象"上了热搜，中青报号召社会各界共同努力，营造宽松的用人环境，去除对年龄的限制条件，建设大龄劳动者友好社会。我相信，随着社会的发展，这个美好的愿景一定能成为现实。与此同时，已在中年危机中扑腾的我们也可以尝试做一些有效的"自救工作"。

第一，精通一门技能。相对于追求"金饭碗""铁饭碗"，我更倾向于去发掘自己的优势与热爱，并由此不断打磨技能。单位和平台是变化的，而技能是被自己掌握的，且可以源源不断地创造价值。朋友 B 曾经在某地产公司从事新媒体运营，她热爱烘焙，工作之余一边研究美食制作，一边运营自己的短视频账号，逐渐成了一个小有名气的美食博主。在 34 岁职业发展遇到瓶颈时，她干脆辞职专心做起了短视频，那时她已积累了 20W 粉丝，每个月的广告收入甚至能超过工资。经过 2 年发展，她现在已经从一个人发展到了一个团队，注册成立了自己的公司，事业蒸蒸日上。好的技能在关键时刻能够缓解生存危机，如果运营发展得当，还可能打开一扇新事业的大门。最重要的是，热爱能激活生命。

第二，好好爱自己。允许自己不成为家庭里的各种"完美角色"，匀出一部分时间和精力照顾自己的身心、满足自己的需求、做自己喜欢的事情。换言之，就是不要过度"忘我"，因为"忘我"基本意味着需求感和存在感归零，把自己完全当成一件工具供他人使用，这是一个很高的境界。但凡夫俗子很少有这样的修为，尤其是女性，情感需求普遍很高，一味地压抑自己去"忘我"，精神上的反弹只会更加强烈。除了在母婴共生期，母亲这个角色需要彻底被当成工具使用，来配合婴儿完成关键心理发展，其他时候要学会给自己留几分空间。100 分太累，60 分万岁，与其等待被别人的爱滋养，不如先好好滋养自己；也只有保持一个充盈鲜活的自己，才能更好地爱别人。

第三，不确定中寻找确定。当周围动荡不安、内心被不确定包围的时候，最重要的可能不是殚精竭虑地想办法掌控这些不确定，而是去寻找一些确定的东西来稳住心神。一两个长期的爱好、三五个稳定的朋友、一对爱你的父母、一个默契的爱人，持久稳定的关系就是最好的避风港。"即使身边世事再毫无道理，与你永远亦连在一起，你不放下我，我不放下你，我想确定每日挽着同样的手臂。"陈小春这首《相依为命》之所以能成为经典，可能正是唱出了这种不确定中的确定，足以慰藉人心吧。稳定是发展的基础，只有先让自己感觉确定、安全，才有足够的勇气去应对世界的变化，顺利度过这场中年危机。

当然，中年危机并不只属于女性，男性也同样有他们的烦恼和压力。爱人之间彼此的理解和扶持，或许是这个阶段最温存的风景，也是将来最难忘的记忆。以上，与大家共勉。

Chapter 4

爱与自由，是最好的礼物：给彼此留出自由的身心空间

互补型关系，
到底好不好？

在一档热门综艺中，童星出身、沉寂了许久的某位男演员又回到了观众的视野中。当年红极一时的"沉香"，如今已长成一位温润如玉的公子。他和一位女演员搭档出演某电视剧片段，整场戏几乎都被女演员占据"风头"，而他则保持着细腻温柔的风格。接受导演点评时，他们的表演受到一些质疑，女演员努力地解释说明，而他则只是全程面带微笑、谦逊、安静地听着。如果不是主持人提问，他可能一句话都不会说。

"我到底适不适合做演员，希望四位导演给我一些指导和帮助，谢谢。"这是排名倒数第一时他的发言。这种不争不抢的态度，反而引起了其中一位导演的兴趣，主动加了他微信。可惜，最终他还是因为没有导演选择他而暂别舞台。离开后，他在微博发了一篇长文，表达了对四位导演的感谢和遗憾，表示"演员，是等待被选择的一方，希望接下来的作品，能让大家更多地看到我，以及我的成长"。这篇长文迅速上了热搜，并被某女星点赞以示鼓励。

这位因为"野心"而备受争议的女星，曾经是该男星的前女友。一个"鸡血"、一个"佛系"的两个人，擦出过火花，有过三年的甜蜜恋爱，他们一起健身、一起录视频唱歌、一起钻研业务，曾是公认的娱乐圈"模范情侣"。就连分手也体面而温和，惹来很多人的意难平。他们在一起时，大家感慨最多的是"他俩性格好互补呀，真羡慕"。而这次随着该男星出局，网友们又议论道："一个第一，一个倒数第一，到底不是一路人，难怪最终分手了。""相爱总是简单，相处太难"大概是每一段"互补型关系"的真实写照。

01
相爱

一个朋友，谈了三次恋爱，每一次都情浓而始却又不欢而散。

在第四段恋情即将开始时，她似乎悟到了什么：我发现，我总是被同一个类型的男人吸引。盘点一下，她的历任男友确实都是那种话不多、情绪也比较内敛的"高冷型"。而我这位朋友则恰好相反，她待人热情、爱哭爱笑、情绪张力十足。这是一个典型的"互补吸引"。

人的天性都渴求圆满，因此潜意识中对于自己所缺乏的部分格外敏感，自带天线雷达，很容易嗅出人群中具有"补足功能"的"另一半"。比如，朋友分析自己爱上高冷型男人的原因，是觉得"他们个性稳重，有着强大的内心"。而她从小在一个"战争"不断的家庭长大，父亲的暴怒与母亲的眼泪，一方面让她战战兢兢求生存，发展出"热情讨好"的虚假自体；另一方面，由于她没能内化出一个稳定的客体，她很难接住自己的情绪，情绪波动很大。所以，一个高冷型男人，对周围的人、事关系透出的那种"冷淡感"，以及对情绪的超强驾驭能力，是她所深深渴望的。与其说是被某种类型的男人吸引，不如说是被内心渴望的另一个自己吸引，吸引力有多强，对这部分特质就有多渴望。

这样电光石火般的吸引，发生在同性之间，大部分成了闺蜜、哥们儿，而发生在异性之间，则常常被识别为"爱情的心动"，一段亲密关系就此启程。现实生活中，"互补型 CP"随处可见，对于"互补型"，人们往往有着一种美好的理想：我有的你没有，你有的我没有，互为对方的补充与延伸，构成一个稳定的整体。于是，"互补型"成了一种备受推崇的关系模型。内向的与外向的、大条的与细腻的、木讷的与灵活的、低调的和跳脱的，经典搭配，似乎永不过时。

02
相杀

然而，理想很丰满，现实却很骨感。前阵子在网上看到一个关于"和慢性子相处是什么体验"的讨论，有大量来自伴侣的吐槽。有一个网友说："婚前对他的慢性子很欣赏，觉得做事情节奏舒缓不慌乱，比我这个着急上火的性格好多了。本来想着互补，现在烦他都烦死了，做事慢吞吞的，大事、小事都不带着急的。昨天孩子期末考试忘带准考证了，我都快急疯了，催他赶紧开车送去，他一边吃着早餐一边整理着衣服，悠悠地说：'急啥啊，再快也不能飞过去啊。'我瞬间暴怒，请好假拿了准考证火速打车给送过去了，回来越想越气，跟他大吵了一架。类似的事情太多，看见他那个磨蹭样我就气不打一处来。"

"落地死"的原因在于：幻想中两个人是"融合"的，另一个人补足了自己缺失的部分，就好像自己圆满了，极大地满足了自恋性需求；而现实会将彼此"打回"两个独立的个体，互补的人格特质被隔离开来，成了与"自己的对立面"相处。这就是"针尖对麦芒"的开始，相处之路变得困难重重。

第一个问题是"看不惯"。在底层人格的运作下，每个人都形成了自己的思维模式和行事风格，而对方的迥异无疑成了一种"阻碍"，因此，你们会产生诸多分歧，造成磨合困难。"孩子忘拿准考证"这件事，在我眼里是大事，在你眼里是小事，我火烧眉毛，你慢慢悠悠，于是双方陷入撕扯状态。再把自恋受挫的愤怒投射给对方，曾经的互相吸引演化成了一场大型的彼此嫌弃。

第二个问题是"想改造"。接下来，为了捍卫自己"这部分"的存在感和正确性，"权力争夺战"就开始了。"听我的，按照我说的做。""你都不知道着急的吗？都什么时候了！""你这种性格是怎么混到今天的啊？""权力争夺"的背后，其实是改造

和控制对方的企图，说白了，就是嫌对方碍事，想将其同化成
自己的同类。人很难被改变，战争却总有输赢，于是战败的那
一方就只能通过隐忍来妥协，可大量的压抑只会酝酿更严重的
"灾难"。那位男演员和女星的分手，也不排除有"佛系"对"鸡
血"的阻抗和崩溃，以及"鸡血"对"佛系"的失望和疲惫。

第三个问题是"限成长"。在某些互补关系中，如果一方
率先觉醒和成长，主动弥补人格短板，对另一方来说是恐惧的，
因为这意味着自己可能不再被需要，进而勾连出被抛弃感。比如，
在"支配－依赖"型的互补关系中，当依赖方开始提出独立的
想法和意见时，必定会遭到来自支配方的打压和否定。要保持
互补关系稳定，最好就是双方都不成长，但这种关系往往并不
健康。

03
相处之道

其实，"互补型关系"它是有天然优势的，但前提是需要调
换一个视角：从对"人的补足"到对"系统的补足"。

回到我朋友的例子。她和前三任男友分手的原因，是无法接受他们的"不能共情"，开心时淡淡回应，难过时只会给她做分析、出主意，极少安慰。而这些曾对她有致命诱惑的"冰冷感"，彼时都成了一根尖刺，将关系一点点刺破。但在第四任男友这里，她突然"开窍"了："他情绪稳定，擅长分析，当遇到困难时，他比我更清醒和理智，而我的热情和感性，可以给关系制造一些惊喜，搞搞气氛，也还不错。至于共情部分，就交给闺蜜和咨询师好了。"这段感情她把握得很好，现在他们已经结婚了，有趣的是，婚后她和老公都发生了一些变化，她的情绪稳定了不少，而老公也学会了撒娇和哄人。

这就是"系统视角"：把双方的互补特质放在关系（事情）里，发挥各自擅长的功能，彼此独立而又互相支持，共同经营、共享成果。在此基础上，"互补型关系"的优势就开始凸显了：第一，资源整合最大化。急性子适合打前锋，慢性子适合做后援；佛系适合疗愈，鸡血适合进取；外向适合开疆拓土，内向适合夯实基础，在系统视角下，"互补型关系"的资源是最全面的。第二，成长助力最大化。作为内心渴望的"另一个自己"，对方就是你的"最佳参照"。当放弃改造对方，而是用心去看见、尊重、欣赏对方的时候，就能从他身上获得新的经验，这些经验被内化，就可能填补自己缺失的那部分功能。朋友婚后情绪稳定性增强，她老公柔软性增强，就是很好的说明。

这两个独特优势，都是其他类型的关系所不具备的。别人永远无法弥补你的"缺失"，只有当你的人格中真正发展出这部分"缺失"，才算是"自我圆满"。而"互补型关系"中的两个人，如果能够陪伴、帮助、见证彼此"成圆"的过程，想来也是一件终生浪漫的事情吧。

人格独立，才是女人在婚姻里最大的底气

看到一个讨论"基层女性婚姻困境"的视频，浏览量破 3.5 亿，点赞超过 70 万。视频博主用通俗易懂的大白话讲述了传统婚姻的现状，形象地将婚姻比作"开公司"：男方出房子、车子，大部分女方带着彩礼和陪嫁，双方共同出资，开始创业。婚后男方在外赚钱，女方料理家政内务，这个比例可能视具体情况略有调整，比如有些女性选择边发展职业边打理内务，有些选择做全职太太。问题就来了，男性的社会价值更容易被认可，还能获得丰厚的回报；而女性的"家庭价值"很容易被忽视和低估，且得不到社会支持和认可，女性处于被动地位。更现实的情况是，很多男人是"完成任务式"结婚，对爱情、婚姻和

责任缺乏系统的认识，一旦结了婚、生了娃，两个大型项目完成，很可能就失去了经营公司的兴趣。于是，婚姻变成了一场女性的单方面付出，"扶贫式婚姻""丧偶式育儿"，各种困境层出不穷。

博主的观点与经济学家薛兆丰的"婚姻合伙人"观点不谋而合，而且博主的观点对女性婚姻现状剖析的维度更广、程度更深、讲得更透彻，赢得了很多人的支持和共鸣。博主的初衷也并非在搞男女对立，而是希望女性的困境被看见、被理解、被改进，男女共同促进关系的和谐发展，提升婚姻的质量和幸福度。

我想顺着这个思路，从社会学和心理学的角度，来进一步谈谈这些困境。

01
困境的根源

在"为什么现在越来越多的女人不愿意结婚"的讨论里，有这样一个回答：我刚毕业在北京工作时，曾经和一对年轻夫妻合租，女人怀孕了。寒冬腊月的天气，每天早上女人很早就要起床，挺着肚子煎鸡蛋、打豆浆，在厨房准备早餐，白天两人上班，晚上回家女人给男人打好洗脚水、整理房间、洗衣服，男人坐在电脑前打游戏。女人话很少，我们打交道不多，偶尔听见他们屋里传来争执，男人声音总是最大的那个。

有一次我看见她坐在卫生间的板凳上，非常吃力地给男人搓内裤的背影，不由得悲从中来："难道婚姻就是在圈养奴隶吗？"这样的感觉有点"残酷"和"犀利"，虽然只是个例，但婚姻制度也确实并非如想象中那般美好，"美好的幻觉"是因为混淆了爱情和婚姻。

爱情与婚姻本质上是不同的，婚姻制度是一种社会产物，追溯起来，源于父权制下男女双方的困境。男方的困境在于无法生育，为了保证财产传承的血脉纯洁性，必须要有一种社会契约，确保女方的贞洁和忠诚，生育属于自己的后代；女方的困境在于，父权社会之下，女性被社会打压、排挤，资源少，能力弱，需要依附男人生存，同时协助抚养后代。

一夫一妻的婚姻制度，看上去是为了解决双方的困境，一拍即合，但忽略了一个前提：女方的困境是被当时特定的社会背景制造出来的。女方被迫选择"低位"进入婚姻制度，结果被男方"财产化"，解决了男方的困境，却叠加了自己的困境。

　　恩格斯在《家庭、私有制和国家的起源》一书中写道：随着专偶制个体家庭的产生，家务的料理失去了它的公共的性质。它与社会不再相干了，它变成了一种私人的服务。妻子成为主要的家庭女仆，被排斥在社会生产之外。

　　社会对女性外出赚钱不够认同，又不认可女性的家庭劳务付出，作为男性的"私有财产"，若只是被使用和支配，而不被理解和尊重，就像"基层女性婚姻困境"视频里说的："开了公司，包吃包住，但没工资、没假期、没地位，你愿意吗？"

　　最重要的是，被"私有化"束缚在家的女性，除了由此发展而来的低价值、低自尊，随着经济能力被弱化，这类女性甚至会被抛弃，从而进一步加剧自身困境：因为赚钱是自我功能的重要延伸，这部分功能被限制发展，会对人格完善产生较大影响。所以，博主在视频里苦口婆心地劝说广大女性"不要做全职太太"，就绝大部分情况来看，她的劝说是有一定道理的。比如，《我的前半生》里的罗子君，在离婚放弃了全职太太的身份重回职场后，她迎来了逆风翻盘的人生。经济独立是人格独立的一大前提。婚姻制度从诞生起便有着很大的局限性，因此，也有人预言它会随着社会的发展而消亡。

02
婚姻中的依附

这些局限性沿革下来，对现代的传统婚姻也产生着影响，一部分基层女性依附性过强，人格不够独立就是其中之一，从而给婚姻中的自己制造了很多痛苦和麻烦。

第一，想爱，爱不了。有一个很有趣的现象：在抱怨婚后对伴侣失望的话题讨论中，女性比重明显高于男性。当然，有一部分原因是女性面临的客观困境，但也有一部分原因是"无法接受理想化破灭"。比如，有的人抱怨"谈恋爱时说把我当女儿一样宠，结果婚后我成了他的妈""结了婚才知道，他也就是一个油腻、邋遢的普通男人"。在亲密关系中，有一种"理想化投射"的现象，就是把对方投射为一个早年幻想出来的完美客体。人格发展比较完善的人，在相处过程中，有能力接纳理想化破灭，自动去调整期望值，达到一个平衡状态。也就是说，在看见"真实的对方"之后，再决定是不是爱，要不要继续发展关系。但是人格不够独立的话，她们爱上的"滤镜"后的这个人，甚至都不是真实的伴侣，只是自己的幻想。

第二，想得，得不到。由此延伸出来的一种情况是：过度依赖，把自我功能的发展嫁接到老公身上。比如，有一次我和一对年轻夫妻出国旅行，因为我英文还不错，就全程充当了他俩的翻译。路上我听见女人小声抱怨："你回去赶紧好好学英语吧，不然以后我们都不能出国玩了。"男人听了一脸郁闷："你自己也可以去学啊，什么不会的都让我去学，你就捡现成的，哪有这么好的事啊。"有些连需求都不敢提的人，已经默认了"得不到"，甚至都没想过自己去尝试一下。欲望是推动发展的动力，合理而恰当的外挂可以获得一定的支持和幸福感，但"事事外挂"，企图让伴侣满足自己的一切需求，既苛求了对方，又耽误了自己。最终，自我成长停滞，而伴侣也被搞得憋屈、窝火，想要的没得到，婚姻还进入了更大的僵局。

第三，想离，离不掉。把伴侣作为"人格填充"的人，很容易与对方浑然一体。这种情况下，离婚相当于放弃自己的一部分，无异于剜心割肉。比如，很多因为老公家暴、出轨来到咨询室的来访者，绝口不提离婚，而是反复问咨询师："我怎样才能让他回心转意？怎样才能改变现状？"

强烈的人格依附和分离焦虑，以及虚弱的经济能力，让她们只能委曲求全地待在一段并不幸福的婚姻中。这些都让本就身处婚姻困境中的女性，进一步雪上加霜，陷入恶性循环。

03
一种新式婚姻

以上是针对婚姻制度的现状更为理性的思考，不可否认的是，随着社会的进步，很多婚姻是伴随着爱情的，给"冷酷"的婚姻本质增加了一些暖色调。这就为"平权式婚姻"打下了基础。

2020 年，美国最高法院大法官，87 岁的金斯伯格离世。这位女法官不仅自己是一位名副其实的独立女性，她还通过案件为保护女性权益而发声，为平权而努力。这位伟大的女性，赢得了全球人民的尊重和悼念，而很多人不知道的是，她还拥有一段长达 56 年、无比幸福的婚姻。

和马丁相遇在康奈尔大学时，她 17 岁，男生 18 岁。在"女人聪明是一种威胁"的时代，马丁是第一个关注并赞赏金斯伯格才华的人。尽管周围都是全职主妇，婚后的马丁却并不想埋没金斯伯格的学识，而是希望她与自己一起念哈佛，进入同一个行业。一起进入哈佛法学院后，马丁经常夸奖自己的妻子，跟外人炫耀妻子曾是《哈佛法律评论》的编辑，而自己没被选上。哈佛毕业后，两人成为律师，金斯伯格成了家庭的主要照料人，一边工作，一边育儿，一边料理家务，让马丁全身心投入工作，直至马丁成为业内颇有声誉的律师。而当金斯伯格作为女权律师，开始在女性运动中忙碌后，马丁则心甘情愿地接过了家庭照顾者的角色，让金斯伯格安心发展事业。他尊重金斯伯格的梦想，在等待提名大法官期间，马丁动用自己的全部资源为她游说，而金斯伯格也凭借实力，不负期待成为大法官。

曾奇峰老师曾说：三角模型的意义是均衡。意思是在家庭关系中，父母的力量要基本一样强大，否则均势被破坏，孩子作为第三方的存在，力量也会被削弱，各种病理性问题就会滋生。对婚姻而言，这其实就是一个"平权状态"。

马丁和金斯伯格的婚姻，就是建立在男女平权的基础之上，不分内外，没有高低，强强联合，互相独立而又彼此成就。用那位视频博主的话，马丁属于"精神富足的男人"，而我认为其中也有爱情的力量：真正的爱情，正是可以激发生命活力，支持和陪伴彼此成长的。懂得爱的男人，希望给爱人的是尊重和滋养，帮助她成为更好的自己，而不是让爱人沦为自己的"私有财产"。

爱情并非婚姻的基础，却可以成为婚姻的加持。当然，这也需要双方都拥有较为独立和健全的人格。这无疑是有难度的，但这也许是在当前的社会背景和婚姻制度之下，可以实现的一个相对理想的状态，也是值得我们努力的方向。

女人究竟是嫁错了可怕，
还是不嫁可怕？

01
嫁错人的女人

一个女人在网上吐苦水，孩子出生没几天，她就知道自己嫁错了人。想让婆婆帮忙煲点粥，老公图省事买来几个包子、馒头，她身体虚弱吃不下，男人不耐烦地吼着："别的女人都生孩子，怎么就你这么娇气？还想让全家人来伺候你不成？"后来，男人每晚不是加班就是应酬，周末一个人关着房门睡大觉，醒着的时候打游戏，抱着孩子不出5分钟就嫌烦。"丧偶式育儿"她都忍了，可紧接着她却发现，男人出轨了，跟一个女客户暧昧不清。

女人终于崩溃，夫妻二人陷入各种争执、打骂，已经纠缠了五年。曾经那个温柔可爱的女孩，被婚姻折磨成了一个臃肿拖沓、脾气暴躁的"怨妇"。从女人的描述中，可以感觉到这确实是一段令人不适的关系，可问题是，既然已经千疮百孔了，为什么不离婚呢？女人给出的解释是"为了孩子，不能让孩子没有一个完整的家"。

这是一个听上去很有说服力，也很普遍的理由，可惜这可能只是一个"幌子"。一个人无法离开一段婚姻，主要的原因可能有两点：

第一，不够独立。不论是人格还是经济，不够独立就需要依赖。一个被长期家暴的来访者，来咨询室的诉求是"如何改变关系现状"，却不接受离婚，因为"太熟悉了，离不开他"。共生的关系中，往往有各种"配对"，比如控制与被控制、施虐与受虐等，配对模型一旦形成，往往会依惯性运转下去。如果离开这段关系，会让他们感觉失去依靠、支点，甚至是自我，人生将陷入混乱。

第二，分离焦虑。与重要客体分离要面临两个心理关卡：一是巨大丧失，包括现实层面和心理层面的；二是熟悉系统解体后的陌生和不确定性。前者的破碎感和缺失感令人痛苦，后者的失控令人焦虑，而很多人又从未习得处理丧失和不确定性的能力，因而，面对丧失，从潜意识勾连出来的只有恐惧。比如，上文这个女人，闹离婚闹了好久，好多次从民政局门口折回来，其实都是输给了这份恐惧。所有的踌躇、纠缠，根本原因都是没有学会分离。

当然，还有一些其他原因，比如害怕负面评价、害怕无法拥有更好的关系等，这些都会让人裹足不前，一边抱怨"嫁错了人"，一边继续沦陷其中，然后把孩子推出来打掩护。其实在一段乌烟瘴气的关系里，孩子受到的影响和伤害可能是远大于父母离婚的。嫁错人不可怕，随时重启人生，还有很多美好与你相遇；可怕的是很多女人把婚姻当成一场豪赌，赌注是"一辈子"：把幸福拱手让给男人，再继续沉溺在不幸的关系中，无法离开。

02
不嫁人的女人

说起不嫁人的女人，我第一个想到的是一位被称为"不老女神"的女领导。在新加坡散步时与旧友偶遇，生图里的她穿着随意，但身材前凸后翘，性感中透着少女般的活力。她的"天真感"一直为人津津乐道，有欣赏的也有讽刺的，但丝毫不妨碍她充满热情地活着：爱生活、爱演戏、爱自己。

一个五十一岁还没有结婚的女人能有如此状态，令人惊叹，也让人纷纷感慨不嫁人好像也没那么可怕。但是，像她这样活得清爽自洽的并不多，在"不婚族"这个群体里，大部分人的现状是，一边单身，一边心急，一边排斥婚姻，一边害怕孤独。分两种情况：

一是等待真爱。一个朋友，不愿意将就，多年来一直单身，但总遇不上合适的人。随着年龄的增长，被贴上"大龄剩女"标签的她不淡定了，开始接受父母的安排，相起了亲。"再不嫁就嫁不出去了吧，我不想孤独终老"，一方面心急如焚，另一方面却仍然不愿屈就，在剧烈的内心冲突之中，她整个人变得郁郁寡欢。这种焦灼的产生，根源还是人格独立性的欠缺，内心不相信一个人有能力过好人生，始终需要依赖另一个人，外界的各种压力只是进一步催化了这种需求。而这种情况下恰恰最容易"嫁错人"。

那个女领导也渴望爱情，她曾经表示：爱就要完满，必须一对一，每天都不能少一点，否则便不是爱情了。这种纯粹的爱情，世间本就难寻，或许她心里也清楚，但即使没有，也不妨碍她快乐充实地单着，打磨自己性感有趣的灵魂。

二是恐惧婚姻。"恐婚族"的特点是：渴望亲密，但是排斥婚姻。一个来访者，有一个谈了两年的男友，感情很好，可是到了谈婚论嫁的时候，她开始一再地找理由拖延婚期，其间她噩梦连连。这背后是害怕被"吞噬"：婚姻意味着各个方面的高度融合，而在他们眼里，这种融合会吞没自我，更可怕的是，一旦被吞没，就无法再分离。来访者在潜意识中防御着的，正是她早年的分离创伤，所以"分离焦虑"和"融合焦虑"属于同一个潜抑困境。但是，她又很怕失去男友：我很确定我们彼此相爱，若没有他，我将有多煎熬。

"不嫁人"并不可怕，一个人可以完满和具足，两个人算是锦上添花；可怕的是徘徊在两种状态之间，一边在渴望，一边却在拒绝。

03
婚姻的本质

2020 年轰动全国的"杭州杀妻案"，对当事人来说，是"嫁错人"，而对不少旁观者来说，则对婚姻的阴影又加深了一层，

"不婚不育保平安"成了一句响亮的口号。付丽娟老师曾说：婚姻的本质，是在注定的投射场域中，更多地获得温暖、亲密、安全这些实际的人类生存必需品，来抵御部分的存在性孤独。所以，婚姻本身并不会令人恐惧，而有问题的，其实是无法厘清婚姻的人。表现在以下三个方面：

第一，空间感。避免"吞噬"与"被吞噬"，给彼此留出自由的身心空间，是婚姻保持健康的基础。闲时同交欢，一起聊音乐、看电影、读书写字、嬉笑打闹；忙时各分散，两人甚至分别有独立的书房和卧房，必要时互不打扰。

第二，投射性。正如付丽娟老师所说，婚姻里必定会发生互相投射。大部分情况是，把对方投射为"理想父母"，而自己则因为期待值过高而不断受挫。比如，一个女人既要求老公赚很多钱，又要求他很顾家，还得时刻照顾她的感受，稍有不如意，就委屈不已，对婚姻失望。而也有些女人是反例，自己成为"完美父母"，把无能、弱小、脆弱投射给了男人，而这也将成为他们婚姻危机的原因。所以，若不对投射这根"搅屎棍"保持觉察和反思，很多人也会认为"嫁错人"，这个时候婚姻是背了锅的。

第三，单身力。在婚姻中拥有足够的独立性，同时在问题

发生时，先完成自我检视，再全面评估，决定是否离开。一个
被出轨的女人，最后却在自我反思，让很多人无法理解。其实
这正是她最聪明的地方：男人出轨固然有错，但只有搞明白了
自己的问题，并尝试去修复，才能避免在下一段关系中重蹈覆辙。
人能够控制和改变的，始终只有自己，这是主动掌控人生的表
现，也是一段不那么圆满的关系，留下的最后一份礼物。拥有
"随时离开一段关系"以及"独自精彩"的能力，才是安全感和
力量感的终极体现。

如果能做到以上三点，"嫁错人"和"不嫁人"应该都会变
得没那么可怕，可以选择两个人温存，也可以选择一个人享受
人生。

婚外情中，没有人能全身而退

01
不图钱，图的是快感

一个朋友讲述自己的经历，她的婚姻中遇到了小三。这个小三是北京人，有房有车，有大好的青春和前途，偏偏像一块狗皮膏药一样，死皮赖脸地缠上了她老公。小三主动性极强、段位极高且看上去毫无三观可言，一副光脚的不怕穿鞋的、我就是要赢的气势，搞得她老公毫无招架之力。

小三的心理有很多种，除了图钱、图资源，最常见的一种是"恋父情结"。这样的女人，专挑有妇之夫下手。一个来访者，做了七次小三，她来到咨询室，是因为第七次的这个男人，打算离婚，和她在一起。她说："那一刻我突然对他一点兴趣都没有了，才发现自己根本不爱他，那我爱的是什么呢？"有了这份觉察是幸运的，她将有机会看见自己正陷入一种"强迫性重复"之中。

根据精神分析的理论，当进入俄狄浦斯期（3~6 岁），女孩会出现"恋父仇母"的倾向，对父亲异常情深，而对母亲充满忌妒，希望通过竞争取代母亲的位置而独占父亲。如果父母没能处理好这个初始化的"三角关系"，很可能会让女孩卡在其中。

第一种，女孩获得了父亲全部的关注和爱，赢得了竞争，形成"父女同盟"。这会让她产生一种错觉：爱是通过竞争得来的，并且胜利会给她带来前所未有的快感。于是，当她成年之后，就开始复制这种情感模式，通过打败另一个女人，来获取爱和快感，同时彰显自己的价值和存在感。已婚男人和他的老婆，成了满足她胜负欲的"完美战场"。

朋友婚姻里的小三就是这一种。一个刚毕业的女孩，被事业初成、长相英俊，也有点成熟气质的男人吸引倒也正常。但仅仅通过工作中的简单接触，就到了纠缠不休、无底线倒贴的地步，实属令人疑惑。不图钱、不图利，难道是图真爱？可惜并不是。相较朋友老公，小三更感兴趣的其实是朋友本人，打败这个完美女人，得有多爽，多能证明自己值得被爱啊。所以她挑明了让朋友老公离婚，还在三人谈判时，一脸不服地怼我的这位朋友："你觉得你赢了是吗？"她自始至终关注的，就是"输赢"，为了赢，她可以不惜一切代价。

第二种，女孩战败了，爸爸只爱妈妈，"夫妻同盟"形成，她成了被忽略的那个。这会让她有了"创伤"，产生挫败感和怨恨，情绪被压抑之后，长大就会致力于挑战"正室"，因为"正室"是三角关系中母亲最好的象征和替代。是为了报复：爱不爱这个男人不重要，重要的是破坏正室的幸福，发泄不满；也是为了修正：我要在新的关系中，战胜"母亲"，赢得男人的爱，来修复我的创伤。而这类女性一旦成功，就会对男人失去兴趣，开始期待下一次的"战争"，比如上面那位来访者的"小三上瘾"。

这两种情况，都源于没能顺利度过俄狄浦斯期而形成的"恋父情结"，这实质是在享受和另一个女人的竞争，与爱情没多大关系。

02
她们失去了什么？

第一，失去自我。一个女孩，艺术学院毕业，颜值、身材俱佳，家庭条件优渥，还有一身舞蹈才艺，追她的男人排成长队。但她偏偏缠上了一个事业有成的中年已婚男人，同样的奋不顾身，同样的毫无底线，同样的"真爱宣言"。相处了两年多，她的"离婚攻势"越来越猛，她想尽各种办法，甚至挺着肚子直接向正妻宣战，而男人总是找各种理由敷衍或者拖延，既不离婚，也不和她断绝关系。她独自抚养孩子，渐渐绝望和崩溃，终于在第五年的时候，确诊重度抑郁症，多次自杀未遂。靠打败另一个女人来证明自己价值的人，是"空心"的，她们没有自我，尊严感、羞耻感极为薄弱。看上去攻击性十足，实则完全被"胜负欲"牵制。她们无法掌控人生，活成自己的主角，若战斗失败，还可能引发自己从内而外的坍塌和瓦解。

第二，失去爱情。在这种婚外情里，小三们只有竞争，没有爱情，那这些已婚男人呢？当小三的野心越来越暴露，行为越来越大胆夸张时，朋友的老公没有欣喜，只有恐惧。他多次劝说小三离开他的生活，还当着她的面，坦白自己爱的人是正妻。在激情之后，核心利益被威胁之时，想全身而退的人是男人。更不负责任的，比如上文中的男人，连基本的表态都没有，只有谎言、拖延和应付。

弗洛姆在《爱的艺术》中说：真正的爱情可以在对方身上唤起某种有生命力的东西，而双方都会因唤醒了内心的某种生命力而充满快乐。爱情也因此让人充满力量感。也许一开始男人与小三还互生好感，可到了后来，一方只想赢，另一方只想逃，既没有力量又没有快乐的关系，只能是一场消耗和浪费。

第三，失去所图。小三们所图的是"赢"，但在三角关系里，无论胜负，都会失望。在亲密关系中，我们常常在玩一个"投射游戏"：把我不能接受的"坏"的一部分，投射到对方身上，这样自己就是好的。小三的加入，与其中一方结盟，加大了对另一方投射的火力，于是正室被集中投射为"坏"的客体，而小三则被投射为"好"的客体。所以在男人眼里，小三再普通，总是有吸引力的，而老婆再完美，也是要被嫌弃的。

三角关系成了最平衡、稳定的结构，一般男人都不愿意轻易打破，小三们大多都会陷入无果的状态。而少数情况下，男人会选择离婚，和小三在一起，这样他们就如愿了吗？看看《我的前半生》里的陈俊生和凌玲就知道了，小三上位后，由于三角关系解体，凌玲成了那个承担"坏"的投射的人，立马就失去了吸引力，前妻却可爱了起来。也就是说，即使打败了这个女人，小三也不一定能得到男人的爱，最终可能还是会输。

03
别在"三角"里找幸福

有人说，在一段持续的三角关系里，往往是男人得利，而受伤的是两个女人。但其实，这种满足和快感，对男人而言也是明码标价的：除了道德代价，还可能付出钱财代价、事业代价和家庭代价，最重要的是，从选择进入三角关系之初，他就丢掉了获得真正幸福的可能。

因为幸福只能靠深耕和经营，面儿铺开了，投入精力少了，情感联结浅了，幸福力就会被削弱成"不可持续资源"，只能靠着不断换人的"新鲜感"勉强支撑。所以，别在三角里找幸福，这是一个"全损"的死局。

对小三而言："赢"的快感不是爱情本身。你的价值是基于核心自我的建立和发展，而不是靠打败另一个女人。尽快回归自己的生活，去寻找和体验属于你的真正的爱情和幸福。

对男人而言：陷入三角关系，你便失去了爱任何一个女人的资格，以为自己得了好处，殊不知也付出了不小的代价。若真心追求幸福，请选择一段合适的关系，好好修炼爱的能力，"专一"其实不是一种要求，而是对幸福力的保障。

有人也许会问，如果婚后遇见了真爱怎么办呢？如果把"真爱"理解为"更合适的人"的话，也并非没有可能。你当然拥有自由选择的权利，但前提一定是，先足够理性、全面地检视和处理好自己的情感状态，做好取舍并承担相应的责任，别因卷入三角关系而辜负了一切。

原来关系好的夫妻，
都是会吵架的高手

01
一言不合就吵架

　　先来还原一个"案发现场"。我到我姐家里做客，一家人其乐融融地吃完晚饭后，姐姐和姐夫却因为一条鱼吵了起来：餐后，由姐夫负责收拾碗筷和洗碗，姐姐叮嘱姐夫不要把剩下的鱼倒掉。姐夫没吭声，过了一会儿，转头把剩菜倒进垃圾篓，倒了一半，被姐姐及时发现和制止。

　　姐姐脸色阴沉，但顾及有客人在场，她强压怒火，质问道："我跟你说话，你当耳边风？"姐夫辩解："你说鱼吗？鱼当然要倒掉啊，隔夜菜不健康，而且也不怎么好吃。"姐姐忍无可忍：
"没吃几口的鱼，随随便便就倒掉了，这么浪费，你有本事倒是
多赚点钱啊。"姐夫恼羞成怒："你够了！一条鱼而已，跟我能
不能赚钱有什么关系？家里有客人，你是存心不给我脸是吧？"
然后回身对着我说："你看着吧，明天吃饭的时候，剩菜她一口
都不会吃，永远都是我吃完的。"接着，两人开始互生闷气。

　　这样的情景，大家应该都不陌生。生活里的鸡毛蒜皮都成
了火药引子，一言不合就开战，吵吵闹闹过一辈子的婚姻不在
少数。伤身、伤心、伤感情就不说了，颇为遗憾的是，没几场
架真正吵在了点子上。亲密关系里的吵架，和一般的吵架有一
些微妙的区别。比如，在外面与人争吵，多是由于观点不合或
是自己的利益受到了损害，在吵架过程中，我们会捍卫自己的
立场，目的是去"争个赢"。但在亲密关系中，如果也以"争强
好胜"为导向，处处占理，时时争先，那多半是要散场的。**因为，
从动力学的角度，后者其实是一种双方渴望亲密的表现，背后
隐藏着想被对方看见和满足的需求。**它的目的，不是要"争个赢"，
而是要"更亲密"。

160

02
"说不出"与"看不见"

继续分析我姐和姐夫的"案件"。我姐因为家里来客，准备了一桌菜，尤其精心地烹饪了自己的拿手菜"红烧鱼"，里里外外忙碌了一下午。她的"别倒掉鱼"背后的心声是：第一，我做得很辛苦，这是我的劳动成果；第二，我不相信自己的拿手菜会被剩下。

这个鱼，不仅仅是一道菜这么简单，而是承载着她渴望被认可的、健康的自恋性需求。"被剩下"原本就有损自恋，出于防御，她主动提出"别倒掉"。可惜姐夫没看到这一层，不仅用实际行动"糟蹋"了她的劳动成果，还补充解释了一句"不怎么好吃"。自我防御被全面打破，肯定是会激起羞愤的，所以在那个时刻，姐姐为了把这种糟糕的感受投射出去，开始对姐夫进行"攻击"，直戳"赚钱能力不强"的痛处，为的是让姐夫感受到同等强度的羞愤。

一个"说不出"，一个"看不见"，是亲密关系里大部分争吵的本质原因。对"说不出"的人而言，排除表达能力的因素，有两种可能：**第一，有羞耻感。**比如我姐，她是一个性格要强的人，口中几乎讲不出"需求"，只有"命令"。**因为，表达需求意味着对别人有所"求"，会将自己置于"弱势位置"，而展现脆弱意味着自己"不好""不强"，这会激起她的恐惧和羞耻。**还有一种情况，是源于从小需求得不到满足而导致的精神匮乏，提需求对他们来说是一件难以启齿的事情，他们潜意识中藏着深深的不配得感，很多"讨好型人格"就是如此。**第二，全能感较强。**有的人追求充满默契的"灵魂伴侣"，希望自己一个眼神，对方就知道自己的所思所想。他们不屑于讲出需求，而是希望对方猜，并且要"猜准"，这才是爱的表现。**这种渴望与伴侣边界消弭、浑然一体的状态，其实就是早期的"母婴共生"状态。个体认为世界上的事情都应该如我所愿，整日活在幻想之中。**一旦对方"没猜"或者"没猜对"，"全能幻想"发生挫折，就会引起他们强烈的愤怒。

而对"看不见"的一方来说，除非具备极强的洞察力和同理心，否则难以穿透各种"迷雾"捕捉对方的真实状态，很容易被卷入"情绪混战"。就像姐夫，听见了姐姐的"命令"，却没有看见"命令"背后的心理需求，还选择了"对抗命令"，把鱼倒掉。而姐姐其实也没能看见姐夫这一"异常举动"背后的情绪和需求：老婆，你能不能心疼一下我，我不想吃剩菜了。

结果是，**即使大吵了一架，双方的需求依然未得到满足，潜意识将伺机炮制出下一次战争，双方由此陷入"强迫性重复"的模式。**很多人吵了一辈子，翻来覆去就那么几件事情和几个缘由，原因就是如此。

03
无效争吵 VS 有效争吵

毋庸置疑，以上皆属于无效争吵。**无效争吵有一个特点，即双方都是以割裂的视角看待彼此，沉浸在自己的情绪状态中，忽视了亲密关系原本是一个系统。伤害对方，其实就是伤害亲密关系本身。**所以，越吵感情越差，最后不欢而散。而有效争吵背后的逻辑是：**争吵只是沟通的一种手段，能够将双方积压的情绪和需求集中性呈现出来，最终目的是解决问题，使双方更了解彼此，是提升亲密关系质量的契机。**

我看到过一个视频，博主分享了一段他和老婆的相处日常。

他下班回家，非常疲惫，进门看见老婆在拆快递，突然有了情绪："你这一天天的，除了买买买，还会干啥？"老婆抬起头看了他一眼："我花自己的钱买点化妆品怎么了？"男人把公文包往沙发上一扔："看着就来气，回家连口热饭都没的吃。"接着开始一根接一根抽烟，不再说话。老婆红了眼眶，放下手里的快递，满脸委屈。

过了一会儿，老婆突然径直走向厨房，忙活了一阵后，端上了两个热气腾腾的菜，然后轻轻地从身后抱着男人："老公，你今天是不是很辛苦，又饿着肚子，换成我，我也会有情绪的。"博主愣了一下，脸色温柔下来："老婆，对不起啊，今天开了一天会，有个项目出了点问题，心烦意乱的。"老婆泪眼汪汪地看着博主，不说话。博主替她擦了擦眼角的泪水，亲吻了一下她的额头，一把将女人搂进了怀里："是我不好，乱发脾气，让你受委屈了。"老婆情绪也好了起来："我们先把肚子填饱，不管遇到什么问题都能搞定的，我男人最棒！"两人在愉快温馨的晚餐中结束了视频，博主最后的文案是：有这样的老婆，吵架都是一种幸福。

有效争吵有三大要素：**第一，情绪有流动。**情绪流动性是指双方能够运用情感的语言，准确地沟通他们的感受和内心的状态。在上述案例中，博主经历了从愤怒、冷漠到愧疚、温柔的情绪过程，而老婆经历了从委屈、无助到愉悦的情绪过程，两人都充分允许了情绪的表达和流动。当然，这只建立在安全、信任的"同盟关系"之上，如果一吵架就迫不及待把对方割裂为"敌对阵营"，出于防御，是不太可能露出脆弱和破绽的。**第二，需求有表达。** 无论是通过口头表达，还是肢体、表情传递，需求在争吵中需要得到澄清，这是解决问题的关键。比如，博主的需求有两个：吃上热饭，寻求安抚和鼓励。前者通过语言直接表达，后者表达得比较隐晦，但老婆进行了识别和确认。而老婆的需求是博主的尊重和道歉，她的表达很巧妙，通过"泪眼汪汪地撒娇"来完成。仔细辨认一下这些需求，大部分其实都与"亲密"有关。**拒绝需求表达，实际也是在拒绝亲密。第三，彼此被看见。** 情绪的流动、需求的表达，最终都是为了被伴侣更好地看见和理解。而这也是亲密关系中，伴侣争吵的终极意义。作为一个有爱的伴侣，应该在争吵中，积极、努力地去感受对方的状态，觉察和辨识对方的深层次需求，并做出回应。"被看见"本身，就是充满疗愈的，就如老婆主动拥抱博主，并进行共情之后,博主的"负能量"就消失了一大半,两个敌对的人就此卸下盔甲,露出"亲密"本性。

　　美国知名咨询师朱迪斯·莱特曾说:伴侣们不会因为争吵而分手,只会因为不知道如何利用吵架增进亲密关系而分手。其中的关键并不是避免争吵,也不是找到一种解决冲突的标准模式或是赢得争吵,而是去挖掘争吵背后的丰富信息。希望你能成为那个"挖掘到丰富信息"的人,拥有一段"越吵越甜"的亲密关系。

"撒娇"和"作"之间，
隔着天差地别

———

　　一个女同事，特别会撒娇。大家在一起玩密室逃脱的游戏，真人NPC（非玩家角色）挨个提问"什么是拉新"，表情凶狠，桌子拍得哐哐响，第一个被提问的男士一度紧张到说话磕巴，引得众人哄堂大笑。到了她，前一秒还在嘲笑那位男士，下一秒便柔柔弱弱地站起身来，低着温柔又懵懂的眼睛，先是看了一圈其他人，求助道："什么是拉新呀？"然后又无辜地望向NPC，一副可怜巴巴的样子。这时对面的男士表示羡慕："他都不吓唬你，他都没敲桌子。"女同事应声道："啊……"接着略带娇羞地朝NPC莞尔一笑："谢谢老师。"NPC没辙，让她坐下，轻松过关。这套经典的撒娇教程，被大家津津乐道，几乎是清一色地夸"撒娇的女人真可爱"。

其实不难发现，撒娇也是一种"装"，装弱又扮无辜，再带上一点酥酥麻麻的语气和委屈巴巴的表情，属于高级的"攻心"。可为什么，有的人装起来是"撒娇"，被人接受、被人夸，可有的人装起来，就成了"作"，被人嫌弃、被人骂呢？这两者的区别，其实也是一门学问。

01
撒娇的人

撒娇的本质是一种策略，目的在于用一种调和、柔软的方式，让对方满足自己的需求，算是一种"糖衣炮弹"。但撒娇又并非人人都有的技能，它与人格完整度有关。

网上有一个问题："会撒娇的女人是什么样子的？"一个网友贡献了一条高赞回答：有一次，我陪老婆出去逛街。她在那里看衣服，我闲着无聊，就坐在一边刷手机。她买完单喊我过去帮她提一下，我正在津津有味地看一个新闻视频，第一次没听见，第二次也没听见。于是她就提着大包小包走过来，软乎乎又带着一点嗔怪的语气说："哎呀，人家就一个柔弱的女孩子，你就帮我拿一下下嘛。"我连忙放下手机，接了过来，她特别开心地在我脸上亲了一下："我老公最好啦。"那一刻我简直甜到了心里。这就是撒娇，能让人心甘情愿地付出，还觉得莫名兴奋。

　　不出意外的话，看到这里，可能有一部分人已经开始起鸡皮疙瘩了吧？撒娇的人格底色是"世界是安全的，我是好的、值得被爱的"，他们内化的互动模式里，充满着被接住、被回应、被满足的安全感。由于坚信自己被爱着，内心敌意较弱，处于一个更加敞开的状态，通过示弱，让对方感觉被依赖、需要和信任，让爱从高位向低位流下来。怎么示弱呢？方法之一就是合理地退行，包括表情、语气、神态、动作等，因为小朋友的状态最能讨人疼爱。比如，女同事的无辜，老婆的娇嗔。这里就有一个人格灵活性的问题，能够顺利退行，或者展示自己"脆弱"的一面，都需要曾经（尤其是童年时）有过这样成功的、"无创"的经历，否则就是不被允许的、僵化的。因为曾经被拒绝的羞耻和创伤令人痛苦，且认为示弱是无效的，于是，不仅不会撒娇，还会把自己的"不允许"投射出去，看不惯别人撒娇，看到了还会产生各种身心不适。

《撒娇女人最好命》里的张慧，就是撒娇无能，天生一个女汉子性格，把暗恋对象直接处成了兄弟。她实现愿望的方式只有两种：自己来和强硬的命令。以致后来与情敌台湾软妹激烈"交火"之时，不仅输得一塌糊涂，还被那句"兔兔那么可爱，你怎么可以吃兔兔"结结实实恶心了一把。很多人憎恨"绿茶"，除了道德原因，有一点也是在痛恨她们的"撒娇功力"。可从精神分析的角度，讨厌一个人，可能是因为她有着某种我们也有，却不为自己所接纳的特质，从而把这种攻击投射为"讨厌"。

02
"作精"

不会撒娇还有一种表现，就是"作"。换句话说，"作"其实是一种"撒娇过猛"，撒娇的加强版。很多人可能会奇怪：这不是正好说明撒娇能力强，游刃有余吗？在边界范围内叫游刃有余，突破了边界就是灾难了。"作"的本质是一种"证明"，证明我是被爱着的，我是存在的、重要的，为了解出这道证明题，很容易用力过猛而越界。

比如，上文的网友还做了一个对比：同样的事情，在我前任女友身上，就是另外一番模样。也是逛街，也是玩手机没听见，她叫了第一次，看我没有搭理她，就生气了，不听我解释，哄也哄不好，非要在人来人往中闹性子：你要是心里有我就不会听不见，你就是不爱我了。一直闹到晚上，我费尽九牛二虎之力，又是道歉，又是保证，又是买礼物，才勉强和好。说实话，我那时候挺爱她的，但一腔爱意，都在类似的事件中被她"作"没了，最后耗不起就分手了。

"作"的人格底色和撒娇是相反的：我不够好、不值得被爱，也不相信你会爱我，所以我才要不停地寻求证明。这可能会陷入一种强迫性重复，回到小时候被人忽略的痛苦里，迫切想唤起他人的关注和爱，于是撒泼打滚、无理取闹。后来那个"各种搞事"的小孩长大了，但是曾经的创伤埋在了潜意识里。就像网友的前女友，第一次提出需求没被回应，这个痛苦被激活了。那一刻，她的需求已经不再是让别人帮忙提东西，而成了让男友来平息自己的痛苦。可惜这个痛苦是一个黑洞，只有"无条件的关注和爱"才能填补，然而这需要耗费另一个人太多的能量和智慧，大部分人都没有这个能力。有时候，甚至是故意找碴，靠"作"来刷刷存在感，刷刷被爱着的感觉。一方不断地索要，另一方则被不断地突破边界和底线，关系大概率是要崩盘的。

这样看来，"喜欢你的时候，你是撒娇，不喜欢你的时候，你是作"也有些道理，因为喜欢一个人的时候，边界的弹性会更大一些，也就是更包容；而不喜欢的时候，就会显得苛刻。但无论如何，边界总有限度，在关系中，再喜欢也经不起无休止的"作"。

03
大力不能出奇迹

撒娇是四两拨千斤的巧劲，"作"是不得要领的蛮劲。喜欢撒娇的人，能够"就事论事"，只是一个需求而已，答应了皆大欢喜，不答应也无妨，我依然是可爱的、值得被爱的；而喜欢"作"的人，动辄上升到讨论"你爱不爱我"的层面，充满了沉重感。"小题大做"的背后，是这样一个信念：只有不断使劲，我才能被填满。可惜往往事与愿违，由于活在过去的匮乏之中，他们无力感知现在所拥有的，于是他们常常亲手搞砸一段不错的关系。有两个小建议，可能会管用。

第一，保持觉知。知道了"作"的原理，在"黑洞"被触发的时候，自己要先一步看见。我有一个朋友，曾经也是出了名的"作精"，半夜三更想吃臭豆腐，一定要加完班刚躺下的男友去某家路边小店买，不买就是不爱我，抓着这一件事能吵上一宿。她因此成功"作"没了三任优质男友，每一次她都痛不欲生，终于在第四任的时候，她幡然醒悟。她说："有时候还是会忍不住想倒腾点事情，比如让他在牙痛的时候陪我吃火锅什么的。但被拒绝之后，已经能比较理智地控制住自己的情绪，因为明白这是内心的创伤在搞鬼，和爱不爱的没啥关系。"终于她把握住了这次幸福，现在已经是两个娃的妈了。别被"黑洞"卷入而离开现实，当忍不住要发作的时候，自己先深呼吸一下，踢踢腿，伸伸胳膊，把自己带回当下，多去想想人家对你的好。

第二，注意分寸。简单来说，就是提需求时要把握好度，给对方留有一定的空间，允许偶尔无回应，允许偶尔不情愿，允许偶尔的拒绝。这个空间承载着对方的感受和情绪，对方也同样需要被感知和尊重。当触及他的边界时，可以回撤一些，再想想其他的策略和方法，但千万别加大马力，强行突破，很多时候，大力出不了奇迹，只会带来破坏和毁灭。

　　当然，"作"有一点好处是，敢于表达脆弱和需求，比起一些"撒娇无能"而言，这是有优势的。所以，控制一下力度，调整一些技巧，撒一个漂亮的娇应该问题不大。但是，如果想好好补一下心里的"黑洞"，从根本上发生改变，可能还是需要求助专业的力量。在关系里，撒娇是润滑剂，既能满足自己，又能愉悦别人，而"作"是一颗地雷，不知道哪一次，就把关系炸没了。对此，你会如何选择呢？

边界感，是一个家庭
幸福的基础

——

几个女性朋友聚在一起，聊到了一个话题：夫妻的家就是婆婆的家吗？

有四个朋友站正方，也就是她们都认为"夫妻的家就是婆婆的家"。朋友 A 认为"不管我们住在哪里，婆婆家还是夫妻的家，这就是一家人"，朋友 B 认为"老人内心很脆弱，她需要安全感与归属感，而不是被当成外人"，朋友 C 认为"连儿子都是婆婆的，那这个家肯定也是婆婆的"，而朋友 D 则直呼"这是一个令人头痛的问题"。这些话听上去颇有道理，也代表了目前很多人的心声，也对应着大部分家庭的现状。仅有两人站反方，她们认为，人与人之间需要边界和距离，到夫妻的家，就该按照他们的生活方式来，这也是对孩子的尊重。我在网上搜了下类似的话题，欣喜地发现，支持反方的网友并不少。

我也认为，夫妻的家并非婆婆的家。对于空间上的"分家"，现代社会普遍接受程度较高。问题出在很多原生家庭和新家庭之间，仍然无法完成心理上的分割。也就是说，表面上看，儿子和儿媳搬出去住了，可心理上，大家还是不分彼此的"一锅粥"。这也几乎成为"中国式婆媳关系问题"的根源。

01
"一锅粥式"家庭

来讲讲一个读者的经历。生完孩子坐月子期间，婆婆到家里来照顾和帮忙，用她的话来说，"那简直是一场噩梦"。婆婆是农村人，很多生活习惯与她家完全冲突，比如拖完地不洗拖把，收拾衣物不分类，喜欢随意翻东西，等等。她非常委婉地提醒过，婆婆却依然我行我素，出于对婆婆的尊重，这些她都忍下来了。

不仅如此，婆婆还非常节省，爱买剩菜和打折的水果，剩菜和水果很多都已经发烂了，根本没法下口。一顿饭也很少见到肉，偶尔有些鱼和肉，婆婆还总是留给儿子。尽管丈夫没少给婆婆生活费，也没少明里暗里地和婆婆沟通，可好不了多长时间，就又会恢复成原样。

女孩怕影响奶水，想点外卖，婆婆不让，赌气说她嫌自己伺候得不好，为此婆媳关系开始恶化，两人大吵了好几次。她找老公诉苦，老公很无奈地说："她毕竟是我妈，我们的家也是她的家，就由着她吧，我把肉都给你吃就是了。"一个月子下来，女孩暴瘦了十五斤，无比憔悴，身心俱疲。

而且，婆婆还非常喜欢对她家的事情评头论足，最后的落脚点都在女孩身上，教育和指挥她干这干那。女孩委屈至极地抱怨："自从她来了，我就没家了。"这种典型的"一锅粥式"家庭，至少会引起三个连锁反应。

第一，秩序混乱。就是指主宾位置倒置，婆婆成了主人，儿子成了主人的孩子，媳妇则成了外人。共处的时候，婆婆完全取代了儿媳的位置，按照自己的意愿改变着这个新家的生活方式。而坐月子期间，女孩由于身心皆虚弱，对于这种"入侵式的取代"，显得更加无力，只能默许和承受。这种倒置会让双方产生一种无意识的错觉：婆婆把自己当主人，认为自己在付出和奉献的同时，应该拥有绝对的控制权，而夫妻把自己当从属，享受婆婆付出的同时，也失去了话语权，于是引出第二个问题。

第二，家庭成员幸福感低。对婆婆而言，辛劳地干着主人的活，却得不到主人应有的尊重和感恩，不仅被嫌弃"照顾不周"，还常常被挑战"权威"，这是对她的价值的否定，很多婆婆由此自嘲是"免费保姆"。而媳妇被剥夺了主人的权利和地位，丧失了控制感和归属感，面对不协调的生活方式和诸多挑剔指责，只能压抑着委屈和心酸。儿子要忍受两个女人的牢骚和抱怨，还经常陷入"选妈还是选老婆"的困境，自然也是不得轻松。

第三，婆媳矛盾频发。在这种情形之下，各方都在不断积累和发酵情绪，"主人"和"外人"之间的火药味浓厚，战争一触即发。

02
谁在煮粥？

说起来，这锅粥煮得，人人有责。

首先，是儿子没有完全从原生家庭分化出来。有朋友拿自己老公举了个例子："他是个很孝顺的人，比如我们俩生病，他一定会跟他妈说。我们该吃什么药，家里装修什么的，或者说这个东西放在这儿好不好看，他也会拍给他妈看。"从精神分析的角度上讲，这属于心理上没有"断奶"。他固守着对母亲的依恋，潜意识里不相信自己离开了母亲，能照顾好生活和家庭，这本质上和孝顺与否无关。当他妈妈回应"那是你们的家，你们自己决定"时，朋友老公说了一句"连我都是你的，这个家肯定也是你的"。这与上文中女孩老公那句"她毕竟是我妈，我们的家也是她的家"如出一辙，这就是从一个与母亲心理共生的状态，发展到"家庭共生"，邀请原生家庭吞没新家庭。于是，两个本该互相独立的家庭边界，就此开始消弭。

其次，是个人边界不清晰。如果仅仅是儿子的分化不足，还不至于把这锅粥煮开，婆婆和媳妇的边界感缺失，才是各自给这锅粥点上了一把火。在那位读者的故事里，婆婆的边界不清表现在反客为主：不尊重夫妻隐私，随意进出小两口的房间，乱翻东西；不尊重夫妻原本的生活方式，一日三餐勤俭为上；控制欲强，家里的事情几乎都是她做主，媳妇连"外卖自由"都没有。并且，她也处在与儿子的共生状态之中，经常眼中只有儿子，看不见儿媳的处境。更有甚者，还会认为儿媳的介入，打破了自己与儿子"浑然一体"的感觉，因而对儿媳产生强烈的敌意。这些都是因为婆婆没有发展出完整的个人边界而导致的自我角色和身份的不清晰。对媳妇来说，边界缺失的表现是无力捍卫自己的主人立场，而一旦失去主导权，退到被控制的位置，又很容易将潜意识里压抑着的，曾经对于母亲的愤怒，投射到婆婆身上。比如女孩坚持认为婆婆故意"虐待"她，一副"月子之仇，不共戴天"的模样。她看不见婆婆一辈子都是这样省吃俭用，只看见了婆婆对她的忽视、冷漠和照顾不周，这与她早年原生家庭的创伤有关。

最后，是防御机制的转移。中国女性潜意识里压抑着很多对婆婆权威的反抗，所谓"多年媳妇熬成婆"，一旦到了婆婆的位置，多少有点扬眉吐气的意思，这也是婆婆热爱争夺权利、反客为主的原因之一。

03
各归各位，才是幸福的保障

以上分析的三点原因，其实都与心理边界的完整性有关。

破解之道无他，只有不断地成长心智，发展个人边界。

我在网上看到一个关于"婆媳关系"的留言，网友说自己
与婆婆两人从没有红过脸，原因是她从不让婆婆插手家里的事，
而婆婆也乐得轻松，懒得操心管闲事。比如，孩子半夜哭了，
婆婆会把自己儿子拍醒，让他帮老婆一起给孩子喂奶或者换尿
布，自己则继续呼呼大睡。心疼儿子工作辛苦？不存在的，儿
媳妇工作也一样辛苦，你俩的娃你们自己搞定，我是客人，别
打扰我老人家睡觉。比如，饭桌上有好吃的，当然是优先给我
老人家吃，剩下的你们夫妻俩爱咋分咋分，不缺我这口就行。
比如，从不与夫妻俩长住，那是你们的家，我又做不了主，谁
乐意跟你们挤一块影响我的生活质量？这位网友的老公也很给
力，帮她分担家务，做育儿等各种琐碎却辛劳的事情时也从不
推托和抱怨，夫妻俩有商有量，彼此扶持，日子过得津津有味。
偶尔家里需要帮忙，一定是优先请外援，比如保姆、护工，她
说婆婆年纪大了，夫妻俩还真不愿意让她太辛苦。这是一个婆
婆、儿子、媳妇人格都很成熟的家庭。总体来说，大家各归各位，
各自认领自己的任务，各自照顾好自己的生活，这就是一个健
康的边界，也一定会给彼此带来幸福的关系。

　　一个朋友说，如果婆婆给自己的定位很清晰，很给夫妻二人空间，那么她会认为"我的家就是婆婆的家"。如果婆婆一来就想当"山寨大王"，那个时候她反而会觉得"对不起，我们家还是要有一点点界限"的。其实拓展开来，这点不仅适用于婆婆，也适用于夫妻。邀请婆婆来照顾自己的家，本就是超出对方义务之外的事情，基本的尊重、感激甚至回报，都是必不可少的，这也是基本的人际交往准则。而很多夫妻在第一步上就犯了边界坍塌的错误，所以很多家庭的"煮粥"，本就是一场"合谋"。只有各自边界清晰，才有空间看见彼此，才能让爱流动起来。

　　成家的意义就在于从两个原生家庭独立出来，组建和发展新的家庭。一个新家庭的成立，象征着家族的传承与发展，只有建立起一个以夫妻为中轴的家庭，这个系统才能得以迭代更新，家族才能充满活力，生生不息。而这个新家虽然不是婆婆的家，但婆婆依然是我们的家人，家人的核心不是权利争夺和心理纠缠，而是爱。

换一个人结婚，
就幸福了吗？

2021 年 1 月，《中华人民共和国民法典》落地实施，颇具争议的"离婚冷静期"正式生效。条文明确规定：自婚姻登记机关收到离婚登记申请之日起三十日内，任何一方不愿意离婚的，可以向婚姻登记机关撤回离婚登记申请。

很多人认为，这是对婚姻自由的干涉，一个健康的社会，不怕离婚。毕竟，改革开放四十多年以来，人们的物质生活和精神生活都在迅速发展，对自身幸福的关注度更高，开始重视婚姻的质量而非形式，对"离婚"的接纳度也随之提高。前不久，网上备受追捧的一个观点"结婚是为了幸福，离婚也是"，就很好地印证了这一点。这就不难引出近几年我国离婚率节节攀升的现实情况，2020 年第一季度全国平均离婚率已接近 40%。而且，民政部相关数据显示，七成以上的离婚原因是"感情不和"。不被婚姻束缚，勇敢追求幸福，这原本是个体成熟和社会进步的标志，因此大家对"离婚冷静期"的出台感到十分费解。

从官方的角度，可能是为了"维稳"：家庭是社会的基本单元，婚姻和家庭和谐稳定才有利于社会的持续发展，这也正是应对我国离婚率逐年上升的一项措施。而在我看来，这个"冷静期"的背后，可能叠加了一层期许，官方希望双方能在情绪之外，理性反思婚姻的意义、存在的问题及解决方法。无论最终离婚与否，这都是一个"承上启下"的关键时期，对渴望追求幸福的当代人来说，尤为重要。

01
和谁结婚都一样？

我在网上看到一个视频，博主讨论了一个不少人纠结的问题：和谁结婚都一样吗？她以自己的母亲为例。她的母亲和她的父亲在一起时，脾气非常暴躁，总是嫌这嫌那，觉得父亲没钱、没情调，不会哄人。从博主记事以来，母亲脸上很少有笑容，过得很不幸福。后来他们离婚了，二婚的丈夫与父亲是截然不同的人，他能赚钱，还经常给母亲买礼物，很照顾母亲的情绪和感受，母亲变得开朗起来，光彩照人。因此，博主得出的结论是：和谁结婚，真的很不一样，并劝说大家一定要找到那个"对的人"。

这种思维模式应该是比较普遍的，该视频也得到了近一百万点赞，上了热门。不同的人意味着不一样的外形、性格、经历、观念、眼界、格局，意味着迥异的家庭背景和经济条件，也意味着将给自己带来完全不同的客体经验。比如，这个博主的母亲的原配丈夫是一个木讷、抠门、不善言辞的普通工人，她在这段关系里，感受到的是物质和精神的双匮乏，这种匮乏让她无聊、烦躁、难以忍受；而二婚丈夫是一家私营企业的老板，有情趣、有品位，与她有充分的情感交流，这些恰好弥补了她数十年的空洞和匮乏，感受到"被爱"的母亲，重焕新生。

这其中会有两个方面的心理变化：第一，"圆满感"的提升。通过"拥有"伴侣，拥有了对方的一切，尤其是那些格外吸引人的特质，正好是自己所缺乏的。二婚丈夫的事业、财富、情调、魅力，让母亲错以为是自己的一部分，这种"被拓宽"的自我圆满感，是让她感觉良好的原因之一。网上有一句广为流传的"鸡汤"：女人需要一个格局比你大，能力比你强，眼光比你长远，教你人情世故，带你一起成长的人。原理就是，"弱小的女人"因为拥有了一个"强大的男人"，她觉得自己也变强大了。第二，客体经验的转变。在亲密关系里，客体经验很容易被内化，因此被摧毁或者被治愈的案例比比皆是。拿送礼物这件事来说，原配丈夫的"抠门"让她感觉不到爱意，而二婚丈夫的阔绰，却让她觉得"自己值得被爱"；同样，一边是日常交流的忽视与淡漠，另一边则充满包容与宠爱，一边可能唤起的是早年的创伤，另一边则是对创伤的抚平。

所以，如果结婚的目的是找到一个理想的、称心如意的对象，那么和谁结婚，肯定是不一样的。但可惜的是，这种逻辑存在重大漏洞：一是概率低，幸运儿总是少数；二是对方可能随时离开，"圆满感"和好的客体经验，会瞬间化为泡影；三是对方被用来满足我们的各种需求，几乎等同于一件工具，无法作为一个"完整的人"被看待，在这样的关系里，"爱"几乎不存在。

02
重蹈覆辙的婚姻

更常见的情况是，很多人结束了一段自认为糟糕的婚姻，进入下一段婚姻之后，仍旧过得不幸福。一个来访者，经历了三次婚姻，换了三个不同的人，却每一次都经历了"被家暴"，她因此遍体鳞伤，身心俱疲。她和家人都无法理解的是第三个丈夫，这个人明明性格温和，也从未有过暴力倾向，是公认的"好男人"，为什么最终也变成了"恶魔"？咨询师给出的解释是：他们在玩一个"投射"和"投射性认同"的游戏。

由于重男轻女，女人从小不被父亲重视，唯一能引起父亲关注的方式，就是调皮闯祸，然后挨打。父亲是个古板、严厉的男人，很在意自己的面子，加之不喜欢女孩，对她每次都是拳打脚踢，毫不手软。女人在这样的方式里，一边压抑着愤怒与攻击性，一边却享受着和父亲的"情感联结"，她不再是被忽视、被冷落的那个，哪怕代价是鼻青脸肿、皮开肉绽，她也愿意。

带着这样的烙印，进入婚姻之后，"被家暴"既成了需求，又成了欲望。一方面，她需要靠着"挨打"这一种被证明行之有效的方式，与丈夫建立情感联结；另一方面，日积月累的攻击性在潜意识里蠢蠢欲动，可"释放攻击性"等同于"被抛弃"的成长经历，又让她对"攻击性"充满着恐惧。于是，"游戏"

就开始了。她通过不停地"作"，故意挑战丈夫的底线，激怒对方之后，甚至会语言"诱惑"："我知道自己天生命贱，就是容易被男人欺负。"她把自己说不清、道不明且有着强烈情绪色彩的需求和愿望，一股脑投射给了丈夫，而丈夫一旦认同了她的投射，就相当于认同了她的潜在需求和攻击性，家暴就会"如愿"发生。也就是说，无论她的丈夫是什么人，最终都会被她"改造"成一样的人，收获同样的婚姻结局。

付丽娟老师曾说：亲密关系，总是避免不了被人当成呈现和释放过去伤痛的最佳舞台。我们带着各自的伤痛，互相投射着不同的内容，构成了婚姻的场域。离婚换人可以解构掉这个场域，但未解决的创伤和痛苦，还将在新的场域里重现。从这个角度来说，和谁结婚都一样，最终都是和自己相遇，相处，相爱，相杀。

03
嫁给谁都幸福的人

回到开头那个博主的母亲。她在与原配丈夫的相处中之所以无法忍受无聊和匮乏，恰恰是因为她自己就是一个无聊和匮乏的人。她对原配丈夫的嫌弃，其实就是对自己的嫌弃。第一段婚姻中这些情绪被她完全投射了出去，对方背了"不好"的锅，那么"我"就是"好"的。到了第二段婚姻，她幸运地找到了一个能够填补自身匮乏的人，但她自身并没有获得成长，"不好"的部分仍然存在，投射的"刚需"也仍然存在。所以，假如不进行自我察觉，短暂的幸福满足过后，她的新对象和新婚姻可能会"被制造"出其他"问题"。

明白了这个原理，就不难理解那些"和谁结婚都幸福"的人，与其说是婚姻经营得很好，不如说他们很擅长"搞定"自己，借由亲密关系这面镜子，去看见、去理解更真实的自己。包括以下几方面：

第一，向上延展。搞明白自己渴望从对方身上学习和发展的特质，让伴侣成为你的"最佳老师"。对博主母亲来说，有情、有趣、有才、有钱这些特质，可能正是她自己想要拥有的，这就是她的一个成长目标。

第二，向下修通。有能力探索和修复心理创伤，这些是我们在关系里投射的主要内容，也将决定着婚姻的基调。博主母亲在被忽视的环境里，会出现易怒、情绪不稳定等状态，就可能与早年的创伤有关。即使二婚丈夫对她再好，也总有回应不及时或者不到位的时候，而如果创伤不被看见和疗愈，她的情感模式将陷入重复。自我成长还有一个好处是，能够通过觉察和自省，保持对投射的节制。正如付丽娟老师所说：婚姻是在注定投射的场域中，能够节制双方的投射内容，在不是太臭的空间里，更多地获得温暖、亲密、安全这些实际的人类生存的必需品，来抵御部分的存在性的孤独。"被家暴"的来访者，如果能够节制自己的投射，她的第三段婚姻，也许就不会走向悲剧。

第三，爱的能力。不成熟的爱是因为需要所以爱，而成熟的爱是因为爱所以需要。简单理解就是，因为我爱你，所以我需要你作为我表达爱意和付出的一个对象，这就是爱的能力。彼此都作为一个完整而真实的人存在，我爱你只是因为你是你，没有权衡利弊、互相利用，这样的关系才是互相滋养的。就好像一个人学会了游泳，换一个泳池也能如鱼得水一般，练习爱的能力，换不换对象都能把握幸福的主导权。

任何关系最终指向的都是自己，希望你能成为那个左右婚姻幸福，而不被婚姻左右幸福的人。

Chapter 5

大部分人都带着各自的创伤成长：亲子关系是父母与孩子互相成就的过程

别成为扼杀孩子"精神胚胎"凶手

作为 2020 年国庆档电影之一,《我和我的家乡》在上映第四天票房就突破了十亿,反超《姜子牙》,一路领先斩获票房冠军,不到五十天,票房已突破二十八亿。这部电影由五个单元故事组成,融合了笑点和泪点,将乡土情结娓娓道来。其中由徐峥导演的《最后一课》给我印象很深,尤其是范老师对学生姜小峰的"保护"。

1992 年在范老师山村支教的最后一课上,姜小峰和同学起了争执,原因是他画了一张黑不溜秋的画,遭到同学的嘲笑。虽然对画纸上呈现的黑白线条也看不太明白,但范老师还是认真地与姜小峰沟通了他的想法。"这是我心中的学校,这里是红

色，这里是蓝色。"姜小峰委屈地描述着。范老师听罢，点着头，
想要帮助姜小峰完成上色，可是在那个年代的乡村，颜料稀缺，
他冒着瓢泼大雨跑回宿舍，取了颜料，又急匆匆往学校赶。可惜，
雨天山路滑，心急如焚的他摔倒在了学校下面的小河旁，颜料被
水泡了，姜小峰的画最终也没上成色，这成为他此生心里的一根刺，
连老年痴呆后的记忆都卡在这里，这件事也成为《最后一课》的故
事线索。范老师最终带着遗憾离开了乡村，而他不知道的是，他对
姜小峰的肯定、赞许和无条件的支持，为十几年后的乡村带来了一
个学成归来的建筑设计师，姜小峰还把画纸上的学校变为了现实。

姜小峰是幸运的，曾经在他心中萌发的精神种子，被范老师悉
心呵护了下来，得以长成参天大树。而现实情况是，很多包括老师或
家长在内的育人者，对于孩子精神内核的培育，并不那么尽如人意。

01
黯然失色的眼神

同样是画画，一个女孩，从小绘画天赋极佳，但进入初中后，
为了让她考上重点高中，父母不允许她再接触画画，在激烈的

冲突之下，父母甚至扔掉了她所有的获奖证书和画具。"画画能有什么前途？考不上好学校，你这辈子就完了！你还能成为大画家不成？不要白日做梦，浪费时间。如果再看到你不务正业，你就不要回家了！"父母甚至邀请老师介入，对女孩进行监督管理。

在家庭和学校"结盟"的压力之下，女孩变成了一个用功学习的"好学生"，也顺利考上了重点高中、重点大学，毕业之后获得了一份光鲜的工作，一切都让父母称心如意。但她得了一种"空心病"：经常性浑浑噩噩，情绪低落，不知道自己为什么而活，对人生迷茫而无力。这是我朋友的故事，可能也是很多人的"共同故事"：独立的精神胚胎被杀死，活成了父母的延伸。

电影《狗十三》将这场"绞杀"展现得更加淋漓尽致。李玩本是一个好动、爱玩，有点任性的少女，为了让她收心，父亲送了她一条狗，哪怕一开始她并不喜欢；狗丢了，父亲不顾李玩与狗的感情，一顿棍棒毒打，逼她再也不去找狗，又安排了另外一条狗来以假乱真地"安抚"她，最后在冲突之中再次将狗送走；李玩喜欢物理，父亲却让她选英语小组，因为参加英语小组有直升的机会；父亲答应带李玩去看宇宙奥秘展览，却临时变卦去参加了生意上的饭局，还硬逼李玩喝酒应酬。

这个少女眼中的光芒一点点黯淡下去，终于迎来了父亲喜闻乐见的"长大"：不再任性，不再倔强，能够迎合别人的好意，礼貌地吞下狗肉，也能够收起不满，在饭局上将敬酒一饮而光。

很多人都把这部电影称作"一场成长'凶杀案'的写实"，被杀死的，其实不仅仅是青春，更是一个孩子的个性、尊严、情感、兴趣、独立的人格和成长的动力，这些统称为"精神内核"。似乎，只有交出灵魂，套上定制的枷锁，才算成为一个成年人。

02
"疯狂"的育人者

摧毁"精神内核"的常见招式有三个。

一是忽视。有一则新闻，武汉一名初中生因与同学在教室玩扑克，被老师请了家长。母亲来到学校之后，在走廊上扇了他两耳光，结果孩子一跃而下，坠楼身亡。青春期的孩子对外界评价敏感，有着极强的自尊心，而在公众场合被批评、被打骂，会激起他们强烈的羞耻感。遗憾的是，这一点恰好被这位母亲忽视了，那两个耳光也可能只是日积月累的忽视中"压垮骆驼的最后一根稻草"。承受着丧子之痛的母亲令人不忍苛责，可是看不见孩子作为独立个体的尊严、情绪、感受和各种心理需求，确实会让孩子丧失存在感，产生心理障碍。因为"忽视"本来就在传递一个信号：你是不重要的、不被认可的。于是孩子要么内化这个信号，开始自我否认，要么可能用一些极端行为来证明自己的"存在"。

二是否认。这是"忽视"的升级版，把"不认可"的信号显现化了。比如，上文中我朋友的父母，对她的兴趣和天赋持续性地予以否认，"没前途""你不可能成为画家"，一盆盆冷水泼下去，我朋友从此再也没提起过画笔。否认的杀伤力是很大的，尤其是在早期，在孩子还没有独立判断的能力时，孩子对父母的权威有着深刻的认同和依赖，父母的每一句话都有"魔力"。一句鼓励可以激发孩子无穷的潜能，反之，一句否定也可能摧毁一颗精神种子，且在孩子的潜意识里埋下"诅咒"，限制着孩子这部分功能的发展。

三是打压。比"否认"更可怕的是堂而皇之的打压。"缪可馨事件"中，小女孩的作文《〈三打白骨精〉读后感》被老师删改得体无完肤，满纸都是挑剔的评价，"传递正能量"的要求显得格外刺眼。不谈这则事件的真相，就被曝光的作文批改而言，对热爱读书、写作的缪可馨来说，就是一种打压。除了否定和不认可，"打压"还叠加了更强烈的情绪色彩：我讨厌你这样，我要挫败你、毁灭你。很多孩子无力承载大人这种充满敌意的情绪，就真的被摧垮了。

一般而言，以上三招，家长常常会通过"组合拳"的形式打出，育人者沉溺在一场无意识的疯狂之中，而热衷于摧毁"精神内核"的原因，主要在于人格不够健全：一是无法耐受另一个独立人格的存在，"绞杀"和"同化"是最简单省事的方式。孩子顺从了，懂事了，自己也就轻松了。二是企图让孩子成为附属品，把自我功能的实现寄托于另一个人身上，让他们活出自己理想中的模样。就像《狗十三》里，一番暴力打骂之后，李玩的父亲总会跟她说：我这样是为了你好，你要懂事一点。最后，将李玩炮制成了另一个自己。

03
教育的本质

很多人理解的教育，是由外向内的：喂养知识、喂养技能，照着社会标准，把孩子送上流水线生产，终极目的是借由教育，打造出一个"合格"的社会人。而这种方式的最好结局，可能是培养出一个拥有体面人生的"空心人"。

徐凯文老师曾做过一个统计：北大一年级的新生，包括本科生和研究生，其中有 30.4% 的学生厌恶学习，或者认为学习没有意义。请注意，这是从高考战场上，从千军万马中杀出来的赢家。还有 40.4% 的学生认为人生没有意义，我现在活着只是按照别人的逻辑这样活下去而已，这所导致的最极端的结果就是放弃自己。

由于没有独立而完整的精神内核，"空心人"是缺乏意义感、存在感和价值感的，他们的整个生命状态就像诗人艾略特的那首《空心人》："生命如此漫长，在渴望和痉挛之间，在潜能和存在之间……这就是世界结束的方式，并非轰然落幕，而是郁郁而终。"

真正的教育其实恰好相反，是由内向外的，本质在唤醒、引导和移除障碍，让每个人拥有独立而健全的灵魂，长成自己的模样。这与人本 - 存在主义的理念"每个人都有自我实现的趋向"不谋而合。也就是说，育人者的工作不仅仅是喂养知识技能，更重要的是要去发现、启迪、保护和支持孩子精神内核的发展，帮助他们找到自己的价值和使命。

2019 年国庆档电影《我和我的祖国》中，"白昼流星"的故事对于教育的本质诠释得很好：无人管教的少年沃德乐和哈扎布两兄弟因为过于贫穷，常年流浪，沾染了很多不良习气。尤其是哥哥沃德乐，二人被扶贫干部李叔收留，哥哥还趁其不备偷了李叔家的救命钱，准备再次逃跑。东窗事发后，警察来了，关键时刻，李叔拦下了妻子愤怒的巴掌，找理由劝走了警察，护住了两个无知、迷茫的少年。因为他知道，真相一旦被揭发，"偷窃"的标签一旦被打上，少年的精神内核也许就被彻底打碎了。后来在李叔的引导下，两位少年在骑马追逐神舟飞船的过程中，心灵受到极大鼓舞，少年被护住的精神内核重新萌芽，"白昼流星"也化成了他们眼睛里的"星星"，人生从此发生改变。

哈佛大学教育学家 Timothy Callwey（蒂莫西·高威）提出过一个观点：真正的对手不是比赛中的对手，而是自己头脑中的对手。"教练"的作用，就在于帮助选手清理这些内心的障碍，让选手的潜能得到最大限度的发挥。一个好的育人者，应当拥有这样的"教练思维"：与人同在、充分赋能、提供足够的关注、信任和支持，让每一个人都能在其所热爱的世界里闪闪发光。当然，前提是，育人者本身要能够有接纳"让孩子不按他人期待成长"的能力。如其所是，而非如我所愿，才是给孩子最好的祝福。愿每一个育人者，都能成为一个好的教练，一个好的灵魂守护者。

倒置型的亲子关系，
有毒

经历了感情风波后，重返荧幕的某女星颇受争议，给人的感觉是不自信、小心翼翼、唯唯诺诺，和曾经那个清冷孤傲的她判若两人。

远不止如此。她和儿子的互动也令网友们感到匪夷所思。她生气了，需要儿子哄，而小男孩难过时只能自己躲在角落里哭。

在成人世界里摸爬滚打了几十年，她似乎退回到了一个孩子的状态，在儿子面前撒娇、任性、求照顾，在外面则战战兢兢，像个"讨好者"。有些人心疼她，认为她在婚姻破碎之后，完全把自己包裹了起来，唯一能给她依靠的只有儿子；也有人对此表示理解，女人嘛，总是要有个情感寄托，谁不想有个宠自己的小暖男呢？从她的角度来看，或许确实如此。但这种"倒置的亲子关系"，将会给孩子带来最致命的摧毁。

01
倒置的亲子关系

武志红老师曾对"倒置的亲子关系"有一个定义：在一个家庭里，父母变成了孩子，孩子变成了父母，或者说父母变成了小孩，小孩变成了大人。在此基础上，我试着分了三种类型。

第一种，行为倒置。也就是说，年幼的孩子在生活上去照顾父母。举一个例子：有新闻报道，一个七岁的农村小孩，因为父亲早逝，母亲卧病在床，被迫扛起了照顾母亲的重任。每天放学回家，要洗衣做饭，还要给母亲喂药、清洗身体，把母亲料理妥帖之后，自己才能开始写作业，几乎没有玩耍的时间。新闻大肆渲染孩子的"懂事、孝顺"，确实帮这个家庭筹得了一些钱，但"重任"超重，有些方面是要被压垮的，这个代价便是孩子的心理健康。

第二种，心理倒置。通常是父母成了宣泄情绪的一方，而孩子成了提供情绪价值的一方。之前，我在网上看到这样一则留言：我妈性格孤僻，没什么朋友，跟爸爸感情也不好，从小就把我当成"闺密"，不停跟我发牢骚、吐苦水、说别人坏话。有时她情绪糟糕，我就得一直陪着她、安抚她，直到她平静下来为止。我今年十四岁，可我一点也不快乐，我也变得性格孤僻，有自杀的倾向。我觉得我妈把我榨干了，我想逃离，我恨她。"榨干"二字残酷却形象，对孩子来说，心理耗竭很可怕，直接影响其人格的形成与发展。

第三种，身心倒置。属于"行为倒置＋心理倒置"的综合版，是父母退行最严重的一种情况，也是对孩子杀伤力最强的一种情况。上文中女星那种外化至意识层面的并不多见，但隐蔽的"身心倒置"，可能就发生在我们身边。

有一次我和几个同事去餐厅，其中一个同事带着一个五岁的男孩。吃饭时，孩子非常"懂事"，面对一大桌美味，不仅会先主动夹菜给妈妈，还会轻轻地吹凉，怕妈妈烫着。我问他："你自己不馋吗？"他眼神中闪过一丝迟疑，然后摇摇头："我是小男子汉，照顾好妈妈才是我应该做的。"同事一脸欣慰地补充："我儿子一直这么贴心，从小就会接住我的情绪，很会哄我、宠我，永远都在保护我、照顾我，比他爸靠谱多了！"这个同事，平日里比较情绪化，和她身边温顺寡言的男孩形成鲜明对比，同事们纷纷投去羡慕的眼光。而我却有些心疼：一个在调皮捣蛋年纪的孩子，本应对世界充满好奇心和探索欲，却只能全身心地守在妈妈身边，做妈妈的"神"。这是一个生命的压抑状态。

02
被透支的生命能量

倒置的亲子关系对孩子最大的影响，是形成"虚弱型人格"。一位来访者，从小学业优异，考入北大，曾公费在海外研修，回国后担任香港某高校教授，彼时她刚生完二胎，大宝八岁。在怀二宝之前，她一直在服用抗焦虑的药，怀孕后药停了差不多一年时间，导致她的情绪很不稳定。加上疫情对自己工作的影响，夫妻关系不和谐等原因，她一方面开始对大宝百般挑剔，找理由对孩子"撒火"，另一方面又不受控制地想跟大宝倾诉烦恼和心事。来访者说："最近和大宝聊天，发现她眼神空洞，神情十分阴郁，感慨'活着没啥意思'。我突然意识到了严重性，也觉察到了大部分问题出在我身上，我因此感到非常内疚和自责。"

这位来访者，就是在"倒置的亲子关系"里成长起来的"虚弱型人格"。她家境比较贫困，父母体弱多病，所以她从小就扮演着家庭中那个"大人"的角色。不仅早早当起了家，打理着家里的方方面面，而且对父母的身心呵护备至，小小年纪便懂得很多道理，经常开导父母，宽他们的心。为了不让父母操心，她学习非常拼命，每晚只睡两三个小时，成绩一直名列前茅，她如愿拼出了一个好前途。

根据温尼科特的理论，孩子天然依赖父母而存活，当父母无法看见或满足他的需要，相反地，却让孩子来满足自己的需要时，孩子就会抑制和隐藏自己的真实意愿，发展出虚假自体，来顺应父母。来访者发展出的足够强大的虚假自体，帮她成为一名知性、体面的高校老师，拥有光鲜的工作和生活。但同时，萎缩的、脆弱的真实自体，也给她的生命带来了不少麻烦：第一，空虚而焦虑。一方面，她争强好胜、积极上进，但另一方面，由于真实的自我意愿从小就被限制，她并不知道自己想要的究竟是什么。这是一种冲突状态，虚假自体越完美，真实自体越失联，既恐惧停止和落后，又深感迷茫和空虚，这也是她焦虑症的主因。第二，"我很糟糕"。即使表面再优秀，内心依然被卡在童年的层层重压之下，当时年幼的自己无能为力，所以深感挫败。而且，她的情绪几乎是被隐藏起来的，父母既没有看见的机会，也没有抱持和安抚的能力，她只能默默将有毒的情绪"生吞"下去。这不仅让她固守于糟糕的自我意象，而且会产生很深的不配得感。第三，情绪失控。在倒置的亲子关系里，她还需要隔离出足够的心理空间，去照顾父母的感受。也就是说，她不但没能内化一个稳定的客体，还被掏空了最初的生命能量，导致人格发展停滞。她的容器功能还未成型，就已四分五裂，因此她无法很好地处理自己的情绪，只能通过找孩子发泄来获得平衡。第四，亲密关系"不亲密"。由于早年与父母的身心距离过近，结婚之后，她的潜意识里会有一种"抛弃父母"的强烈愧疚感，这种感受让她无法全然地进入亲密关系，以保持对父母的忠诚。这也是她和老公关系不和谐的原因之一。

03
让大人成为大人，孩子成为孩子

发生"亲子关系倒置"的根本原因，其实也是父母人格的虚弱。可能他们在小时候，也被剥夺了成为一个孩子的资格，"没有当够孩子"的匮乏，在成人之后发生"反噬性弥补"。曾奇峰老师曾说：自体需要在生命的某一段时间被独一无二地对待过，才能够从总是需要被独一无二对待的需要中出来，后者就是成人状态。所以，如果该当孩子的时候没有好好当孩子，该当大人的时候就没法好好当一个大人。最遗憾的是，这种情况可能代代相传，形成负性循环。

打破循环的第一步，就是像那位来访者一样，对问题进行有意识的觉察和反思。在此基础上，我还有两点建议分享。

第一，稳定在清晰的位置。成人也会发生退行，但退行的对象，一定不能是孩子。不论是行为上还是心理上，在亲子关系中，成人要把自己放在大人位，让孩子回到小孩位。这意味着，总体方向是：大人是稳定的、抱持的，孩子是允许犯错的、可以宣泄情绪的、被看见的、被容纳的、被照顾的。即使因为客观原因，父母无法全然地照顾孩子，也应该主动寻求其他帮助，而不是把重担都过早地交由孩子承担。童年时期自然、蓬勃生长的生命力，以及在足够"被抱持体验"中发展出的心理容器功能，将是孩子一生幸福的保障。

第二，找到合适的对象。对于内心同样有伤的父母，应该把自己放到一段可靠的"成人关系"中去疗愈。比如，夫妻关系、朋友关系或者是咨访关系。要找的这个对象，应该是自身人格发展比较好，有能力也有能量去接住自己的问题、情绪和退行的人。你需要的，是一个能够陪伴你的内在小孩成长得足够好的客体，而不是"吞噬"一个现实意义上的孩子，去填补自己内心的匮乏。

在成人关系里安心当没当够的孩子吧，这样回到孩子身边，你才会更有力量去做一个"合格的大人"。当天下父母皆为父母，孩子也将皆灿烂无忧。

你能接受自己的
孩子平庸吗？

01
青出于蓝，未必胜于蓝

引发全民教育焦虑的热播剧《小舍得》里有这么一段台词：我们这一代人的困扰在于，将来我们的孩子，很可能考不上我们毕业的那些院校。孩子长大后，收入不如我们，职位也没有我们高，这或许是我们必须学着接受的事实。而北大一位教授的现身说法，更是将这个困扰从荧幕搬到了现实。

先来看看这位吐槽女儿的父亲的背景：六岁凭借惊人的记忆力背下新华字典，加冕"神童"；读书时以出色的成绩考上北大社会学系；毕业后考上北大高等教育科研所的硕士，并成功留校；2001 年留学美国哥伦比亚大学攻读博士学位；回国后成为博士生导师、北大教育学院副院长。这位"神童"没有"泯然众人"，而是充分发挥优势，以学霸的身份一路开挂，稳定在精英人才的金字塔尖。而且，教授的妻子也是北大毕业，这样一个高知家庭的孩子，按照常理推断，不论在先天基因上，还是后天培养上，都应该是"赢在起跑线"的天才。但事实并非如此。

教授的女儿读的是北大附小，但是由于天资一般，一度在班里排名倒数。在一个视频里，当被问及"你可以接受你的孩子不如你，考不上北大吗"，教授充满无奈地回答："那完全可以接受，必须接受。大概率她上不了我这个学校。95% 以上上不了。"他又在另一个视频里边挠头边叹气："差太远了！这就是天道，没办法，你必须接受，不接受能怎么样？她就这样。"这些"吐槽"很快走红网络，"我奋力托举你当学霸，你势不可当地成为学渣"式的调侃，给不少家长送去了共情和慰藉。

教授还说，北大教授的孩子，很多都考不上北大。这已经成为一个普遍现象。恰好不久前，清华大学一位副教授也在一次演讲中发表过类似的观点，她说她的孩子正势不可当地成为普通人。"青出于蓝，却未必胜于蓝"的失落和遗憾，正在成为无数家长心里的痛。虽然清华、北大父母一代开始带头"认命"，但背后的焦虑与不甘，依旧隐隐浮现。

02
"平庸"伤害了谁？

在中国，大部分家长是拒绝孩子平庸的，这其中还分两种情况。

第一种，家长自己比较平庸，喜欢拿孩子跟别人比。之前知乎上有个热点问题"孩子很平庸，非常失望，该如何调整积极面对"。提问者是个普通的工薪阶层爸爸，他从小对父亲拿他和别人比较深恶痛绝，可惜为人父亲之后，他发现自己竟然成了同样的人，于是他一边为孩子焦虑，一边为自己苦恼。"望子成龙，望女成凤"的本质，实际上是两层投射，对自己渴望成为龙凤的投射和对平庸无能的恐惧的投射。这两者均建立在共生的基础之上。一方面，企图将人生嫁接在孩子身上，通过孩子的"出息"来强大和圆满自我；另一方面，平庸弱势的位置无法占有更多资源，由此激起的焦虑和不安，需要孩子来分担。所以，类似"'鸡娃'都是为孩子好，竞争那么激烈，白领总比扫大街的幸福度高"的观念背后，实则藏着家长的"私心"：拒绝孩子平庸，是在拒绝接受自己的平庸和愿望落空。

第二种，家长本身非常优秀，喜欢拿孩子跟自己比。我有一个同事，复旦大学毕业，老公是上海交大毕业的，两人都是金融行业的职业经理人，年薪百万。每每谈及孩子，她总是不置可否地说："那必须比我们优秀，至少也得持平吧，连个复旦、交大都考不上，不配做我的孩子。"小姑娘还在读六年级，挺争气，不仅常年雄踞榜首，各种演讲比赛、画画比赛之类的奖杯也是拿到手软。但即使这样，小女孩依然经常被父母挑剔和嫌弃。我好几次听见同事在电话里呵斥："你怎么这么笨呢，我像你这么大的时候，奥数都拿过第一了！"这种类型的家长，根本上也是在与孩子共生，但共生的点不一样，主要是自己的高度自恋。他们是矛盾的：意识上渴望孩子超越自己或和自己水平相当，以维系高自恋水平，而潜意识却可能因为恐惧孩子真正超越自己，而导致自恋破碎，或者共生失败。也就是说，孩子不优秀，会损伤他们的自恋，而孩子太优秀，可能也会损伤他们的自恋。

所以呈现出来的状态是既强迫孩子向自己看齐，又热衷于通过与自己对比来打压孩子。孩子能够敏锐地感知父母，在认同混乱之中，为了保持忠诚，保护父母的自恋，潜意识大多选择了"优秀一阵子，但不优秀一辈子"的策略，最终走向平庸之路。很多"鸡娃"的中产家长抱怨，"鸡"着"鸡"着就把孩子"鸡"成了普通人，我想除了智力的正态分布因素之外，这是一个可能的心理原因。

03
学渣的力量

　　"优秀一阵子"的孩子，往往会表现出极强的竞争欲和好胜心。还是我那个同事，平时也会听见她夸孩子，内容一般是："我家孩子几乎不让人操心，非常要强，考了第二名都会哭半宿，惩罚自己一天不吃饭。"很多父母误以为这是"内驱力"，其实，"只允许自己拿第一"是一种不正常的偏执。付丽娟老师曾提道：一个心理健康的孩子，真的不会在意分数要排第几。除非，第一为了弥补自己的自恋，第二为了让父母满意。弥补自恋，是因为在父母的比较和打压之中自恋受损；让父母满意，是认同了父母的共生需求，压抑真实的自我去讨好父母。合起来，就是一个用力过猛的虚假自体，很快会因自我透支而能量耗竭，从而产生各种心理问题。

而有一些孩子却发展出另一种策略：拒绝优秀，享受"学渣"。"我教女儿逆天改命，她却教我学会认命"，从这句"丁式吐槽"里，有没有感受到"学渣"女儿与之抗衡的一股强大力量？我猜测，女儿嗅到了父亲的焦虑，感受到了"共生企图"：你是我的女儿，是我的一部分，你必须优秀，才能证明我的优秀是完整的。为了保护真实自体，她无意识地采取了否认的防御机制，即不认同父母，通过成为"学渣"，把他们的融合性需求、自恋性需求全部反弹回去。当然，也不是非要成为"学渣"，但这可能是表达反抗最直接有效的方式：你焦虑你的，我安心做我自己。

只有当真实自体有一定的发展，才拥有拒绝他人、忠于自己的力量。这与丁教授的培养方式有关系，虽然也为孩子不如自己感到焦虑，但他具备一定的觉察能力和科学教育观：从小放养女儿，没有送去上任何辅导班，即便上学后为她的成绩苦恼不已，也是采用非常佛系的"鸡娃"方式，比如坚持骑自行车接送孩子上下学，这样女儿便开不了小差，只能认真听他讲数学题。相对和谐、开放的亲子关系，帮助女儿夯实了人格基础，也让她发展出对抗的力量。这样的孩子，我认为未必是真"渣"，因为拥有力量，就拥有无限发展的可能。

04
父母的三重境界

电影《一代宗师》里，宫二小姐说：习武之人有三个阶段，见自己、见天地、见众生。这三重境界，也适用于为人父母。

第一，见自己。有较强的共生性，深陷在自恋式的幻想之中，只看见自己的需求，擅长忽视或者吞噬孩子的个人意志。这个阶段的父母，是教育焦虑的中坚力量，他们无法接受孩子平庸，也往往因此搞得自己身心俱疲，家里鸡飞狗跳。

第二，见天地。随着自恋被打破，父母被迫从自我世界走出来，去认识一些客观规律，并尝试接纳事实。北大教授目前正在这个境界，那句"这就是天道，没办法"，虽然充满无奈，却是他开始接受"我是我，孩子是孩子"这个现实的开始。这是推动个体分化和人格整合的坚实一步。值得注意的是，这个阶段是需要孩子来成就的。假设教授的女儿，顺从父亲的意志，也把自己逼成一个学霸来维护他的自恋，丁教授可能就失去了"晋级"的机会。只有那些有力量坚持做自己的孩子，才可能帮助父母实现这一步成长。

第三，见众生。完成与孩子的分化，真正将其作为一个独立的个体去看待、去尊重。我见过好的教育，都擅长做一件事：引导孩子发现他们的爱好，尊重其选择，并给予充分的自由。这就意味着，如果孩子选择平庸，父母也要尊重他的平庸。但往往，这样的家庭培养出来的孩子反而都不简单，因为他们有着健康的人格和深切的爱好，内驱力是完整而饱满的。

特斯拉公司总裁埃隆·马斯克曾说：母爱最高级的形式就是给予孩子自由，这一点，我妈妈做得非常好。他的母亲由此分别培养出了一个著名导演、一个成功商人以及他这个"科学疯子"。同时，分化程度高的父母，适时将力比多从孩子抽回自身，继续雕琢人生，或享受生活，或追寻事业。一如埃隆·马斯克的母亲，将她自己——梅耶·马斯克也书写成了一部传奇。

改变不会发生，除非允许不改变。当全然看见和接纳孩子

成为另一个人，孩子不必再通过用力与父母对抗来成为自己，

也许自有另一番景象。青和蓝，本就应该各自美丽，各自精彩。

当然，"见众生"的父母，人格和心智都相对较为成熟。大部分

人带着各自的创伤，第一次为人父母，很难轻松地达到这种境界，

而亲子关系，其实是一个互相成就的过程。

不被偏爱的孩子，
很难再遇见偏爱

———

01
"我不值得"

都说"被偏爱的都有恃无恐"，可事实上，并不是每一个人都承受得住"偏爱"。一个来访者，是一位离过婚的女士，正犹豫要不要接受现男友的求婚。她三十多岁，名校毕业，在世界五百强外企工作，上一段婚姻结束的原因是前夫婚内出轨，对她早已没了感情。她告诉咨询师，现男友对她特别好，懂情趣，也知冷暖，她工作忙时，男友会精心准备晚餐等她回家；她生病时，男友也会彻夜陪在她身边照顾；她情绪低落时，男友会想尽办法逗她开心，男友总是准备很多惊喜，为她挑选喜欢的礼物。

她说："我有一种特别的感觉，他把所有的爱都给了我，而且我什么都不用做，他也是爱我的。"这大概是每一个女人都想拥有的"偏爱"，按理说，这是一桩美事，可来访者的问题也恰恰出在这里。"他太爱我了，我总是感觉不真实，也不安心，甚至压力很大，我哪有这么好？"咨询师问："你觉得别人的爱，都是要靠你的'好'去交换的吗？"她愣了一下，反问："难道不是吗？"随后她补充："虽然别人都说我的条件还可以，但我很看不上自己，也不知道自己哪里值得被这样偏爱。"

一般而言，"被偏爱"是指相较于其他人，你成为某个人的"例外"，他为你投注了更多的精力，让你感觉自己是独一无二的，是被无条件关注和支持的。而在来访者的成长经历中，没有过类似的经历，于是在面对突如其来的"偏爱"时，她产生了两层核心感受：一是我不配。大剂量的、倾斜于她的爱，激活了她的创伤，一方面她感觉自己不配拥有，另一方面又认为这种爱很"虚假"，焦虑一旦对方发现自己"一无是处"，就会撤回所有。二是我害怕。出于对陌生经历的恐惧，这种颠覆性的体验不是惊喜，而是惊吓，在某种程度上超出了情感和认知的双重承受范围。

"谈条件的爱情，对我来说更踏实一些，碰上一个什么都不图，只想对我好的，给我带来的更多的是担忧。"来访者沮丧地说。

02
天然的"偏爱"

"被偏爱"是一种珍贵的经历，大部分人是从家庭获得最初的体验的。父母的爱本就是一种天然的偏爱，不需要其他任何原因，也不需要附加任何条件，仅仅因为你是你，你是我的孩子，我就会爱你。

电影《阿甘正传》里，幸运的阿甘就拥有母亲的"偏爱"。即使是在单亲家庭成长起来的孩子，天生残疾，智商只有七十五，可在母亲眼里，他依然是发光的宝贝。阿甘从小要戴着腿箍行走，母亲告诉他：这是一双宝鞋，会带你走遍天下。在别人嘲笑阿甘时，母亲会认真地鼓励他：你和其他人是一样的，你并没有什么不一样。面对学校校长的质疑，她依然据理力争："我的孩子虽然迟钝了一点，但应该和其他人一样有均等的教育机会。"有一个经典镜头，阿甘的腿箍卡在了下水道的缝隙里，面对路人鄙夷的眼光，母亲温柔且淡定地一点点帮他拿出来，并安慰他不必因为别人的歧视而害怕。阿甘是知道自己有缺陷的，而相较于其他人的态度，妈妈这种巨大的"偏爱"成了他的力量之源，使他最终成为橄榄球巨星。

通过与重要客体的互动，在这样的"偏爱"中，孩子将体验并内化构建健康人格的四个关键：第一，安全感。这是一种与信任相关的状态，当相信世界不会给自己无法控制的伤害时，就会产生基本的安全感。弱小残缺的阿甘在面对世界的偏见与恶意时，母亲总是以抱持的、乐观的态度站在他的身后，给予他拥抱、接纳和鼓励，这条"退路"被内化之后，就成了一个人的"安全堡垒"。第二，自尊感。总体是一种"我是好的"的感觉。从母亲的镜映中，孩子最早形成对自己的感受，对于阿甘的残疾，阿甘母亲没有厌恶和嫌弃，反而坚定地认为他与常人没什么不同，阿甘从母亲眼里看见自己是"好"的，于是他也坚信自己是"好"的。第三，价值感。是一种"我配得上、我值得"的感觉。"被偏爱"这件事，会让人感觉到自己的独特和不可替代，且无关自身条件。母亲在阿甘生命之初以全身心灌注的"偏爱"，帮他构建了自我价值的基础，他相信自己是值得被爱，值得被好好对待的，即使自己是个残疾人。第四，力量感。就是"有恃无恐"的那种力量。因为确信有个人会一直站在自己这边，在面对世界时，就像背后有千军万马，也就无所畏惧。正是这份力量支持阿甘突破重重困难，成为一个"奇迹"。

03
缺失的底气

可惜的是，不是每一个孩子都有运气获得这样爽快的"偏爱"。比如那位来访者，她的母亲是一名老师，对她要求颇为严格，而父亲是一个工厂老板，平日工作忙，很少回家，即便在家，和她的交流也很有限，父女显得十分生疏。在她的成长环境里，一面是苛责：母亲总是挑剔和否定她，从学习、生活到样貌、性格，喜欢拿她和自己班里的优秀学生比较，常常表现出一副不满意甚至嫌弃她的模样。另一面是忽视：父亲常年缺席她的人生，对她也很少过问，仅有的相处时间里，父女俩也只是寒暄问好，尴尬得像陌生人。她十岁那年，家里多了个弟弟，她才明白父亲原来是懂关心人的，母亲也可以是温柔的，只不过这些都给了弟弟，而她是个女孩，所以她不配拥有。"我好像在遇见现男友之前，从未是谁的偏爱和例外"，来访者在说这句话时，眼神黯淡且忧伤。

　　缺失了父母"偏爱"的孩子，往往会存在以下三个问题：第一，核心自我虚弱。主要表现在安全感和自我价值感较低，自我厌恶倾向严重，而这其实也是对父母态度的一种内化。客观来说，来访者条件优秀，却充满了自我怀疑与否定，就是把母亲的"苛责"和父亲的"冷漠"，同时内化为了自己的一部分。而父母重男轻女这个事实，又进一步印证了"自己不配被爱着"，没有被人喜欢和宠爱的能力。这些构成了来访者的核心自我认知。而来访者唯一能够赢得父母关注的办法，就是不断发展虚假自体，让自己变得优秀，以此来证明自己是值得被爱的。所以，来访者无法爱上真实完整的自己，也不相信自己会被人无条件地喜欢，加之受上一段婚姻的影响，男友的"偏爱"对她而言，不是幸运和美好，而是压力和负担。第二，缺少"被撑腰"的底气。自我感觉良好时，被父母诸多打击，而当脆弱破碎时，又无法获得情感上有力的包容和支持。这种深刻的孤独感，成了人格单薄的底色：不勇敢，面对冲突和质疑，没有与之较量的勇气；
不自信，不敢畅快地表达自己、忠于自己。整体呈现出来，就
是一个自卑、怯懦的状态。第三，很难获得其他人的偏爱。潜
意识中的不配得感，让人自动回避"偏爱"，哪怕就是像来访者
一样，遇见了"偏爱"，也可能发生负性移情，将对父母的情感
投射到男友身上，最终"搞砸"或离开。

04
偏爱与溺爱之别

　　很多父母可能认为，"偏爱"就是不分好歹、毫无原则的偏
心和溺爱，因此不愿毫无保留地给予孩子。其实这是有误解的。
偏爱是基于"你是我孩子"的事实，给孩子提供的一种有别于
其他人的爱，基调是接纳、支持、笃定，更关注生命价值而非
社会价值，能够看见孩子的真实需求，且与适当的"规训"并
不冲突。溺爱也并非"过多的爱"，而是一种错误的互动模式，
本质是"控制"与"剥夺"，一方面不断满足投射在孩子身上的
自己的需求，另一方面剥夺孩子每一个成长的机会。

　　举个例子。当孩子被老师批评，"偏爱"的父母会在情感上先接纳和安抚孩子的情绪，给予孩子信任和鼓励，让他感觉"无论如何，我都被爱着"，再帮助孩子分析被批评的原因，从理性上指导孩子的规则和边界；而"溺爱"的父母，可能就直接跑去与老师理论，表面是在"挺孩子"，实则一来在维护自己的"共生性自恋"，二来剥夺了孩子对自我的认知和纠偏的机会。"偏爱"是在成就孩子，而"溺爱"是在毁灭孩子。

　　正如前面所说，能得到这种"偏爱"的幸运儿总是少数，大部分人都是在"爱恨参半"的环境里成长起来的，父母给予爱的强度、纯度和力度可能都有限，也因此各自带着大大小小的创伤。除了对自己的状态保持觉察，学会敞开和自我支持，最好的办法是找到一个稳定的客体，被好好地"偏爱"一次，这几乎是重塑自我的关键，因为只有真实发生的体验才能被内化。这个客体可以是你的朋友、爱人，也可以是咨询师，就如上面那位来访者，在咨询师的帮助下逐步开始自我探索和修复，尝试接受男友的"偏爱"，一年之后她答应了男友的求婚，并对他说："谢谢你，我已经把那个糟糕的内核换掉了，现在的我感觉自己值得一切美好，我会更爱自己，也会更爱你和这个世界。"